KB131204

대부분의
실수는
무리수

이상엽 글 이솔 그림

대부분의 실수는 무리수

수학 중독자들이 빠지는 무한한 세계

끄응...

r=aθ
컷으로
잘라주세요.

해나무

1부 초등학생도 이해하는 수학 농담

2부 질풍노도 같은 수학 농담

언젠가 이런 질문을 받았던 적이 있다. "수학자들이 수능 시험을 보면 전부 다 100점 맞겠죠?" 이에 대해 나는 다음과 같은 답을 했다. "30년 무사고 경력의 베테랑 택시 운전사라고 해서 카트라이더 게임을 잘하는 건 아니에요."

사람들이 수학하면 흔히 떠올리는 이미지는 이렇다. 숫자와 공식 놀음, 정답이 딱딱 주어지는 문제, 비범하고 빠른 풀이, 결국엔 답이 맞았는지 틀렸는지가 중요한 차가운 틀에 갇힌 고리타분한 그 무언가. 사실 그런 모든 이미지들은 진정 수학이라기보다는 수학 시험, 또는 학생 때 배운 교과목 수학으로부터 비롯된 이미지다.

수학에는 다양한 모습들이 있다. 마치 이 책을 보고 있는 당신에게도 다양한 모습들이 존재하듯 말이다. 이 책을 통해서 나는 당신이 때로는 귀엽고 때로는 짓궂은, 개구쟁이 같은 수학의 모습과 마주하기를 바란다. 이 순수한 개구쟁이는 순수한 아이들이 으레 그러하듯 당신에게 끊임없이 말을 걸며 때로는 썰렁한 농담을, 때로는 심도 깊은 물음을 던질 것이다.

일단은 가볍게 즐기기를 바란다. 이 책은 문제집처럼 어떤 정답을 요구하지 않는다. 굳이 꼽자면 당신이 농담 일러스트를 보며 받은 자유로운 감상과 스치듯이 떠오른 생각 하나하나가 다 정답이라 하겠다.

사실 수학이라는 학문은 물음표에서 시작하여 마침표를 향해 나아가지만 결국 또 다른 물음표에 도달하게 되는, 그리고 이런 패턴이 끊임없이 반복되는 학문이라 할 수 있다. 그렇기에 답 그 자체보다 중요한 건 답을 답이라고 말할 수 있는 근거의 명확함과 논리의 치밀함이며, 그에 앞서 이러한 물음표들이 나오게 된 동기를 이해하고 공감하는 자세 역시 중요하다. 수학의 본질이라고도 할 수 있는 그 물음표를 자연스럽게 받아들이고 마주하게 될 때, 비로소 당신은 '왜 수학을 하는가?'라는 질문에 대한 본질적인 답을 얻어낼 수 있을 것이다.

이 책에 실은 다양한 주제의 일러스트들과 뒤편에 따로 실은 해설은 당신이 물음표로부터 형성되는 수학의 세계에 자연스럽게 발을 디딜 수 있도록 도와줄 것이다. 이 책의 집필에 큰 도움을 주신 장준오 편집장님과 이솔 작가님께 ∞한 감사를 드린다.

1부

초등학생도
이해하는
수학 농담

{ 덧셈 주제에 }

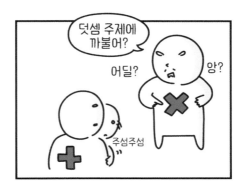

{ 허각이네 치킨 }

허각이 차린 치킨집에서 어떤 사람이
7만 원 어치의 치킨을 먹고 10만 원짜리
수표를 냈다.

허각은 잔돈이 없어서 옆집에서 현금으로
바꾼 뒤 손님에게 3만 원을 거슬러 줬다.

다음 날 옆집에서 부도수표라며 환불을
요구하길래 10만 원을 다시 돌려주었다.

허각은 얼마를 손해봤을까?

{ 넷둘셋둘 }

다음 중 '넷둘셋둘'은?

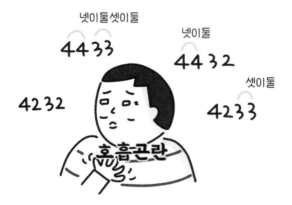

넷이둘셋이둘
4433

넷이둘
4432

셋이둘
4233

4232

호흡곤란

{ 점선면구 }

선이면서 면이다.

선이면서 면이면서 구이다.

점이면서 선이면서 면이면서 구이다.

혼란한지_안_혼란한지조차
_혼란한_상황.jpg

{ 소원 }

1. 다른 이의 죽음. 2. 다른 이의 사랑 요구. 3. 이미 죽은 사람의 부활

그러니까 정상적인 소원을 얘기하라고요. 이과 덕후야.

{ 기적 }

20은 이십이고,
22도 이십이다.
따라서 20=22.

기적의
논리

{ 짝수와 홀수 }

지금 이게 뭐하는3주ㅗㅜㄴㅇ라더23ㅐ8??

{ 몇 살이에요? }

우리의 머릿속

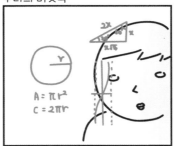

{ 꿀팁 }

50의 6% = 6의 50%

{ 논쟁 }

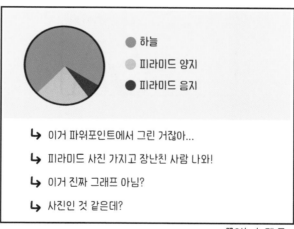

- 하늘
- 피라미드 양지
- 피라미드 음지

↳ 이거 파워포인트에서 그린 거잖아...

↳ 피라미드 사진 가지고 장난친 사람 나와!

↳ 이거 진짜 그래프 아님?

↳ 사진인 것 같은데?

끝없는 논쟁 중...

{ 단위 }

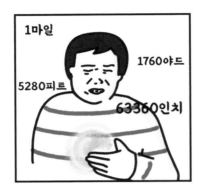

{ 암산왕 }

{ 가격표 }

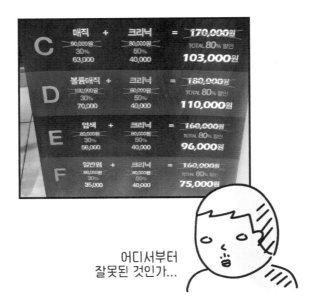

어디서부터
잘못된 것인가...

{ 모서리 }

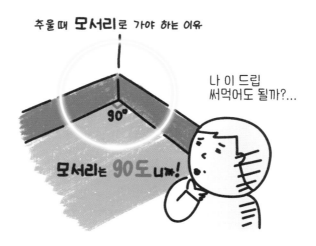

{ 공중부양 }

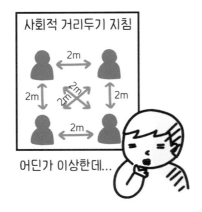

실제로 이 지침이
가능하려면?

{ 답안지 }

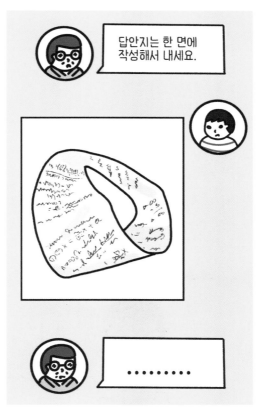

답안지는 한 면에
작성해서 내세요.

. . . .

뫼비우스의_답안지.jpg

{ 10원 }

안 풀리는 수학 문제

아빠한테 500원을 빌리고 엄마한테 500원을 빌리고
총 1000원으로 970원짜리 과자를 샀다.

거스름돈 30원으로 아빠한테 10원, 엄마한테 10원을 갚고
나머지 10원을 내가 가졌다.

그러면 엄마와 아빠한테 490원씩 빚을 진 건데
490+490=980원이므로
내가 가진 돈 10원을 포함하면 990원이다.

나머지 10원은 어디로 갔을까?

어디서부터 잘못된 걸까?

10+10=20

500-10=490

10?

980-970=10

10?

1000-970=30

30-20=10

10?

490+490=980

10?

{ 눈사람 }

이것이 바로...

이과의 눈사람 만들기!!

{ 12시 30분 }

비스트 '12시 30분'을 듣는
이과의 상태

지금 우린 마치
6시 정각의 시곗바늘처럼
서로 등 돌리고 다른 곳을 보고
모든 걸 버리려고 하잖아

편안

{ 신기해 }

우와이거진짜너무신기하지
않아?똑바로봐도뒤집어봐도
식이똑같이나오잖아우리이
런거누가누가빠리찾는지내
기하는거야   때내기는
역시뭘걸   고해이
겠지뭘걸   고할까
앗참그전   에여기
뭔가숨   겨진원
리가있   지은않

189 + 611
=
119 + 681

그만 좀 해

{ 푸틴 }

이 그림은 고양이가 그렸습니다.

{ 각도기 }

문에_각도기를_그려넣은_이유.jpg

{ 독심술 }

{ 궤도 }

궁금한 사람은 인터넷에 '아날렘마'를 검색해보자.

{ 영웅 }

부록1

0으로 나누면 안 되는 법이라도 있어?

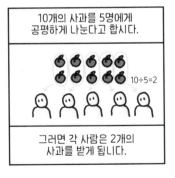

부록1

0으로 나누면 안 되는 법이라도 있어?

우리는 모두 학교에서 '나누기 0(÷0)'을 하면 안된다고 배웁니다.

숫자 0

*이과를 괴롭히는 가장 간단한 방법

그 이유는? 나눗셈은 공유, 또는 나눔의 개념이기 때문이죠.

÷3

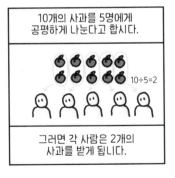

10개의 사과를 5명에게 공평하게 나눈다고 합시다.

10÷5=2

그러면 각 사람은 2개의 사과를 받게 됩니다.

그런데 말입니다,

만약 10개의 사과를 아무에게도 나누어주지 않는다면 어떻게 될까요?

→ 10÷0

?

38

이 질문 자체가 의미가 없습니다. 나눠줄 사람이 없으니까요.

이과는 나누기 0 문제를 찢어.

이번에는 이렇게 한번 생각해볼까요?

수학에서는 나눗셈을 곱셈의 역연산,

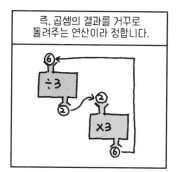

즉, 곱셈의 결과를 거꾸로 돌려주는 연산이라 정합니다.

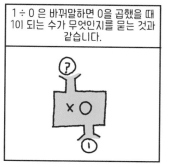

1 ÷ 0 은 바꿔말하면 0을 곱했을 때 1이 되는 수가 무엇인지를 묻는 것과 같습니다.

맞아요. 그런 수는 존재하지 않아요. 어떤 수라도 0을 곱하면 그 결과는 항상 0이니까요.

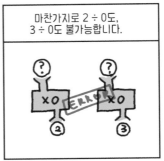

마찬가지로 2 ÷ 0도, 3 ÷ 0도 불가능합니다.

한편, 0 ÷ 0은 좀 더 특별합니다.

어떤 수에 0을 곱해도 항상 그 결과는 0이므로, 이 경우에는 어느 하나의 수를 특정하기가 곤란해요.

이러한 이유들로 '나누기 0'은 일반적으로 해선 안된다고 하는 거예요.

하지만, 수학의 본질은 그 자유로움에 있다고 옛날에 칸토어 아저씨가 말했었죠.

현대의 몇몇 수학자들은 ÷0을 합리적으로 설명할 수 있는 이론을 만들고 연구하고 있어요. 바퀴이론(Wheel Theory)이라는 건데요. 궁금한 친구들은 한번 인터넷에 찾아보세요!

2부

질풍노도 같은
수학 농담

??

{ 중괄호 }

중괄호 그릴 때 공감

나만 이럼?

{ 2배 }

1이라도 있어야 2가 되지...

{ 산산조각 }

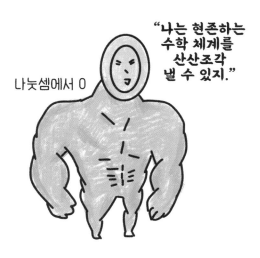

나눗셈에서 0

"나는 현존하는
수학 체계를
산산조각
낼 수 있지."

"도와줘요.
애들이 자꾸만
날 무시해요."

덧셈에서 0

{ 서열 }

{ 동기부여 }

$$1.01^{365}$$
$$\fallingdotseq 37.78$$

달달

$$0.99^{365}$$
$$\fallingdotseq 0.03$$

{ XXXXX }

$$x^3 = XXXXX$$

$$x^5 = XXXXX$$

{ 신기한 거 }

{ 수학 시간 I }

어!!
일의 자리가
8이 아니고 9예요!!

맞아.
그래서 이 수는
뮌하우젠 수가
아니지.

굳이 그런 수를 골라서 계산시키셨다고요...?

{ 교과서 }

수학에서_인생을_찾다.jpg

{ 수학 시간 II }

계산해보자.

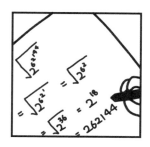

똑같지!!
똑같지!!

선생님만 신난 수학 시간.

{ 오류 I }

어디서부터 어떻게 잘못된 것일까...

{ 인수분해 I }

{ 인수분해 II }

{ 소개팅 I }

안녕, 소개팅 X맨

{ 소개팅 II }

아직 정신을 못 차린 소개팅 X맨

{ 얼굴 }

어떤 게 웃는 얼굴이더라?...

{ 지하철 }

{ 거울 }

니가더소름.jpg

{ 함정카드 }

넌 죽었다

훗, 과연?

받아랏!!

ㅇㄴㅇ라 ㄴㅓㄹ여ㅗㄷ

{ 피자 }

자 없이도 피자 지름을 구할 수 있겠는걸!

pizza는 pi에z제곱을곱하고거기다시에이를곱한것이라할수있지 이것은파이곱하기루트제트제곱에이의제곱으로바꾸어쓸수있지 피자도결국원이니까원의면적을 파이알제곱으로구하는것에따라아까그식 에대입하면피자의반지름알은루트제트 제곱에이가된다이 거야참쉽지.

즉, 피자의 반지름은 $z\sqrt{a}$

{ 불편함 }

{ 우울 }

{ 도와줘 }

{ 시계 }

수학_덕후의_위시리스트에_담긴_시계.jpg

{ 그림 }

{ 스파이 }

{ 이진법 }

웃고 있는 거 맞음

{ 오류 Ⅱ }

$$S = 1 + 2 + 4 + 8 \ldots$$
$$= 1 + 2(1 + 2 + 4 + 8 \ldots)$$
$$= 1 + 2S$$
$$\to S = -1$$

수학자를_괴롭히는_방법.jpg

{ 근의 공식 }

2차 방정식의 근의 공식	$ax^2 + bx + c = 0$ $a \neq 0$ 의 근 $$x = \frac{-b \pm \sqrt{b^2 - 4ac}}{2a}$$	
3차 방정식의 근의 공식	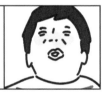	
5차 방정식의 근의 공식	$ax^5 + bx^4 + cx^3 + dx^2 + ex + f = 0$ 의 근 x 의 공식	

{ 런닝맨 }

{ 고민 }

교수님 : $\dfrac{\dfrac{1}{1+1}}{1+1+1}$ 은 몇일까?

{ 유리 }

선생님 : $\sqrt{\dfrac{9}{8}}$ 의 분모를 유리화 한다면?

나 :

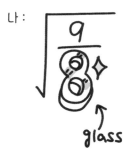

glass

선생님

{ 증명 }

$$3 \times 9 = 27 \text{ 의 증명}$$

$$3 \times 9 = 3\sqrt{81} = 3\sqrt{81}$$

선생님

{ 제곱수 }

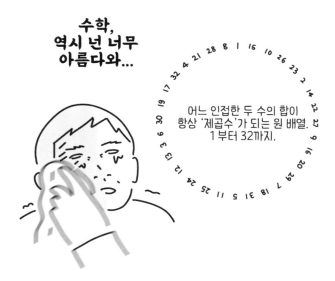

수학,
역시 넌 너무
아름다와...

어느 인접한 두 수의 합이
항상 '제곱수'가 되는 원 배열.
1 부터 32까지.

{ 바구니 }

소수 특: 소수같이 생긴애는 소수가 아니고
소수같이 안생긴 애가 소수임

{ 문자와 숫자 }

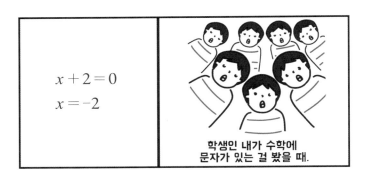

$$x + 2 = 0$$
$$x = -2$$

학생인 내가 수학에
문자가 있는 걸 봤을 때.

교수인 내가 수학에
숫자가 있는 걸 봤을 때.

{ 오차 }

통계학자

물리학자

수학자

{ 찍기 }

문제: 이 문제를 찍었을 때
맞출 확률은?

① 0% ② 20%
③ 20% ⑤ 100%
④ 40%

정답이하나인5지선다문제를
찍어서맞출확률은20%.그런
이문제에는20%가두개있으
므로이문제에서는40%가되
는것아닐까싶은데그러면4번
이정답이라는것같기도하고문
제오답처리한다면
10   되는것처럼
보   ,정답이
없   처리한다
면1   도인것도같
약   둘중어느하
가정답이
확률은또

부록 2

삼각함수 이즈 에브리웨어

시작하기에 앞서, 하나 짚고 넘어가도록 할게요.

충격주의

엄밀히 말하면 중학교 때 우리가 배웠던 직각삼각형의 특수각에 대한 사인값, 코사인값 같은 것들은 삼각함수가 아니라 삼각법이에요.

내가 배운 게 삼각함수가 아니라고?!

中

그럼, 질문. 삼각법이 쓰이기 시작한 것은 언제쯤부터일까요?

중세? 근대 시대 정도겠죠.

놀라지 말라고요.

후훗-

노노! 삼각법의 기원은 무려 고대 이집트 시대로 거슬러 올라갑니다.

삼각법의 최초 활용 사례는 이집트의 린드 파피루스(기원전 1650년경)에서 찾을 수 있어요.

삼각법은 피라미드의 건설과 관련하여 빗면의 기울기를 일정하게 유지하기 위해,

그리고 피라미드의 크기를 측정하기 위한 목적 등으로 활용이 되었음을 알 수 있지요.

만약에 이런 수학적인 측정법이 없었다면, 그 거대한 건축물을 만들면서 완벽하게 대칭적인 구조를 띠게 한다는 것은 불가능했을 거예요.

삼각법이 본격적으로 발달한
시기는 고대 그리스인데요,

그 당시에 삼각법을 연구한
주된 이유는 이를 천문학에
사용하기 위해서였죠.

우리가 중학교 때 달달 외웠던
삼각함수 표도 알고 보면
고대 그리스 수학자 프톨레마이오스의
〈알마게스트〉에 수록되어 있다는 사실.

삼각함수..
고대 그리스부터
수포자들을
괴롭혔어...

ㄷㄷㄷ..

이 〈알마게스트〉라는 책은 이후
천문학의 발전에 지대한 영향을
미칩니다.

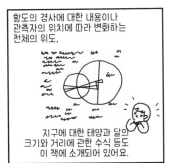

황도의 경사에 대한 내용이나 관측자의 위치에 따라 변화하는 천체의 위도,

지구에 대한 태양과 달의 크기와 거리에 관한 수식 등도 이 책에 소개되어 있어요.

그럼 이제 삼각함수를 알아보죠.

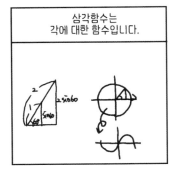

삼각함수는 각에 대한 함수입니다.

우리는 고등학교 때 이 내용을 배우면서 단위원이라든가 일반각 등의 개념들을 배우죠.

배웠냐 안 배웠냐 물어보면 배웠다고 말할 수밖에

다음과 같이 반지름의 길이가
1인 단위원을 이용해서 삼각함수의
값을 알 수 있어요.

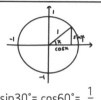

$$\sin 30° = \cos 60° = \frac{1}{2}$$

삼각함수는 앞에서 설명한
것과 같이 삼각법의 기하학적인
요소만 있을 뿐 아니라

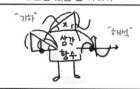

주기성을 다루는 해석학적인
요소도 들어있어요.

쉽게 말해 삼각함수는 삼각법을
포괄하는 상위의 개념!

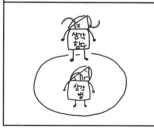

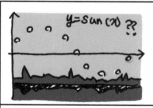

우리는 삼각함수의 주기성을
이용해 자연 세계에 일어나는
다양한 현상들(진동, 음향, 파동 등)을
파악하고 응용할 수 있죠.

현재의 삼각함수는 학문 분야에서 쓰이는 분야보다 안 쓰이는 분야를 꼽는 것이 더 빠를 만큼 폭 넓게 쓰입니다.

삼각함수, 삼각함수 이즈 에브리웨어!

삼각함수는 기원전부터 지금까지 끊임없이 자신의 쓸모를 증명하며 계속 발전하고 연구되고 있어요.

θ 크기가 xx 일 때, 피라미드 높이를 구하는

로마시대

결론

프톨레마이오스

삼각함수의 쓸모를 의심하는 것은 쓸모없는 짓!

3부

걷잡을 수 없는
수학 농담

{ 덧셈 }

모처럼_짱먹고_신난_덧셈이.jpg

{ 초코파이 I }

초코파이의
초코함유량은
32%!

어떻게알았냐고초코파이의초코
함유량은초코나누기초코파이지
그럼분자분모의초코를약분하면
남는것은일분의파이만남는다일
을파이로나누면일나누기삼점일
사를하면되니까이
렇게하면영점삼이
가나오고이걸퍼센
트로환산하면삼십
이퍼센트라는결
론이나오게되지.

진지해서 더 무서움

{ 초코파이 II }

미국
초코파이의
초코함유량은
12%군.

미국초코파이는어떻게알았냐고
잘봐choco에서chocopie를나눠
주면되겠지choco는약분하고남는
것은일분의pie만남는데이pie는
파이곱하기e로볼수있어그럼
결국 우리가계산해야
하는것은삼점일사
곱하기이점칠이한값
을일에서나누어주
면되니까이렇게하
면영점일이가나와

이제 그만 좀

{ 느낌표 }

0!=1

수학자

프로그래머

{ 4! }

문제〉
40-32÷2를 계산하시오.

킹받은 수학자

{ 약 3 }

이제야_마음이_편해진_이과.jpg

{ 허수아비 }

{ VANS }

{ 웃긴 얘기 II }

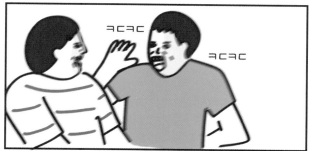

{ 빈칸 채우기 }

{ 로그 }

log(3+2+1)

좋아, 로그.

log(3+2+1)
=log3+log2+log1

어라?!!

흐음...

{ 집합 }

우린 이걸 '듄'이라고
읽기로 했어요.

{ 역함수 }

{ 기함수 }

{ 실수 }

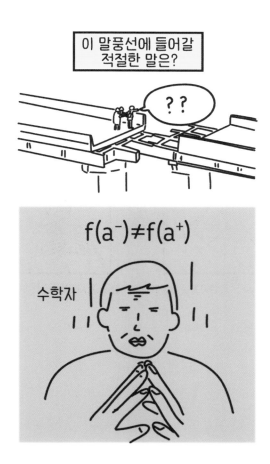

{ 달팽이 }

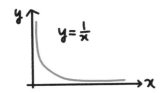

$y=\frac{1}{x}$ 로 다가가는 달팽이

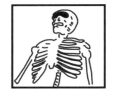

x축에서 기다리던 자

{ 손금 }

{ 삼각함수 }

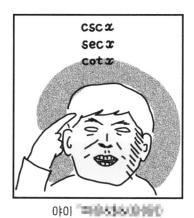

csc x
sec x
cot x

야이 ░░░░░░░░░

sin x
cos x
tan x

편안

{ 태양 }

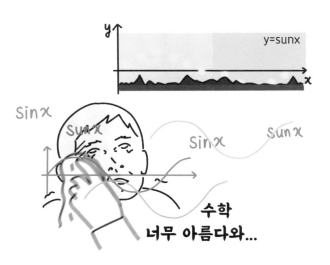

수학
너무 아름다와...

궁금한 사람은 'The Midnight Sun by Anda Bereczky'를 검색해보자.

{ **1** }

{ 속도 }

도서관에_난입한_수학중독자.jpg

{ 노트북 }

{ 신입생 }

{ 통조림 }

선생님의_착각.jpg

{ 계단 }

{ 웃긴 짤 I }

최선을 다해 웃어보자.

{ 재밌는 얘기 I }

선생님 재미있는 얘기 해주세요.

{ 적분상수 I }

라?!

{ 적분상수 II }

$$\int f(x)\,dx - \int f(x)\,dx = 0$$

일반인

수학자

{ 약점 }

{ 웃긴짤 Ⅱ }

한 번만 더 최선을 다해 웃어보자.

{ 감동 }

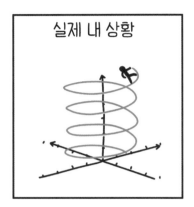

{ 오류 Ⅲ }

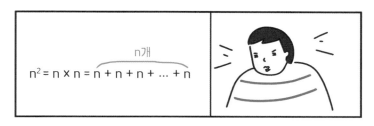

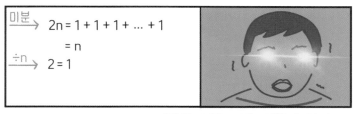

가만히_있던_이과_열받게_하기.jpg

{ 확률 }

소개팅시장에이정도사람이얼마나있을까
20후30초술은잘마시는데술자리는안좋아
함연애하면올인하는편이고자주만나는거
좋아하고평소운동ㅊ   ㅐ칭찬많이
듣는편공무원이나   좋아서여
유있는편안정적ㅇ   ㅣ준비다
되어있고1~2억정   ㅣ
키는평균이상같으
그냥하나하나ㄴ
통상소개팅ㄴ
이정도내가면
객관적으로평

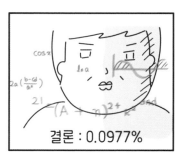

$\cos x$

$2a\left(\dfrac{b-cd}{a^2}\right)$

21

$-(A+n)^2 + \dots$

결론 : 0.0977%

{ 고백 I }

이과의 고백 I

{ 고백 II }

이과의 고백 II

{ 보아뱀 }

여우가 말했어요.
"이건 코끼리를 삼킨 보아뱀이잖아."

그러자 어린 왕자가 말했어요.
"아니, 이건 정규분포곡선이라고 하는거야."

그래요. 어린 왕자는 이과였어요.

{ 정답 }

{ 생각하라 }

{ 취한다 }

으 족발과 소주에 취한다.
└으 양변에 로그를 취한다.
└으 맥주랑 치즈에 취한다.
└으 커피랑 초콜릿에 취한다.

에비 에비~

이파스멜
물렀거라

{ 파이 }

{ 챌린지 }

다음 1로 6 만들기

$$1 \quad 1 \quad 1 = 6$$

$$(1+1+1)! = 6$$

3! = 6을
이용하면
참 쉽죠?

나머지는
여러분이 차근차근
해보아요.

2 2 2 = 6	6 6 6 = 6
3 3 3 = 6	7 7 7 = 6
4 4 4 = 6	8 8 8 = 6
5 5 5 = 6	9 9 9 = 6

{ 사소한 차이 }

{ 그 이상, 그 이하 }

{ 부등식 }

$$i - i < 1$$

$$i < 1 + i$$

수학자를_괴롭히는_방법.jpg

{ 서점 }

{ 오류 IV }

조금 어려웠지만, 이렇게 증명되네.

{ 호수 }

{ 9가 아닌가 }

부록 3

무리수는 무리수라서 무리수?

허수(imaginary number)라는 명칭은 1637년 르네 데카르트가 쓴 〈방법서설〉의 부록인 '기하'에서 등장했어요.

철학책.. 아니었나?

DE LA METHODE

두구

두구

허수 단위를 우리가 현재 쓰는 기호인 i로 지은 사람은

레온하르트 오일러입니다.

전설의 수학자 오일러

imaginary number의 머릿글자를 딴 것이죠.

하지만 그럼에도 허수는 여전히 대다수의 수학자들에게는 수로 인정받지 못했어요.

시선 회피

음.. 이건 수라고 하기에는 뭔가...

인정해줘!!

그러다 1799년 카스파르 베셀이 복소수의 기하적인 표현을 완성함으로써 비로소 수학자들은 허수를 수로 받아들이기 시작했죠.

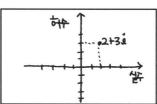

가로선으로 실수축을, 세로선으로 허수축을 표현해 실수와 허수를 통합한 복소수를 평면상에 존재하는 점으로 표현할 수 있게 된 거예요.

허수가 비로소 우리 눈에 보이는 대상으로 인식되기 시작한 것!

허수의 이런 기하적 표현을 연구한 수학자 중에는 수학의 왕이라 불리는 카를 프리드리히 가우스도 있었어요.

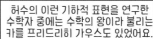

전설의 수학자 II

가우스 기호　가우스 사상
가우스 분포
가우스적분　　　가우스 미터
가우스 소거법　　가우스 정수
　　　　　가우스 법칙
　　가우스 정리

가우스 평면

그래서 오늘날 우리는 이런 평면을
'복소평면' 또는 '가우스 평면'이라
부릅니다.

이번에는 유리수와
무리수를 알아보죠.

일단, 이 둘은 전부
실수에 포함이 되는 개념.

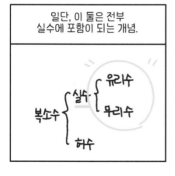

복소수 { 실수 { 유리수 / 무리수 } 허수

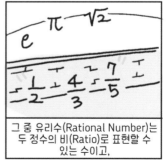

e　π　$\sqrt{2}$

$-\dfrac{1}{2}$　$-\dfrac{4}{3}$　$-\dfrac{7}{5}$

그 중 유리수(Rational Number)는
두 정수의 비(Ratio)로 표현할 수
있는 수이고,

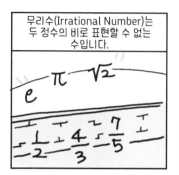

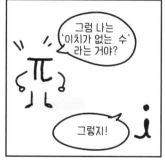

다시 본론으로 돌아와서,

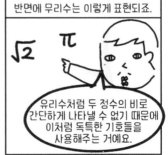

한편, 수를 분수가 아닌
소수로 표기한다면 유리수는
'유한소수'이거나
'순환하는 무한소수'가 됩니다.

$$\text{유리수} \begin{cases} \dfrac{3}{2} = 1.5 \rightarrow \text{유한소수} \\ \\ \dfrac{4}{3} = 1.333\cdots \rightarrow \text{순환하는 무한소수} \end{cases}$$

반대로 무리수는 '순환하지 않는
무한소수'가 됩니다.

$$\text{무리수} - \sqrt{2}$$

$$= 1.4142135623730950\cdots$$

$\Rightarrow$ 순환하지 않는 무한소수

4부

고난도
수학 농담

??

{ 부적 }

{ 똑같네 }

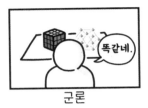

군론

위상수학

범주론

{ 게임 }

사람들이 생각하는 게임 이론

실제 게임 이론

{ 네가 참아 I }

{ 재밌는 얘기 Ⅱ }

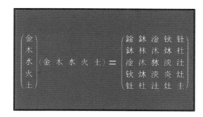

선생님 진짜로 재미있는 얘기 해주세요.

{ 대화 }

위상수학자들의 대화

{ 부처님 }

네..니오?

{ 재밌는 얘기 Ⅲ }

선생님은 또 신이 나셨다.

{ 해리 포터 }

※실제 이런 장면 없음 주의

퀴드 에라트 데몬스트란둠!

완벽한 씬
이로군...!

{ NO }

{ 빙산 }

{ 선의 길이 }

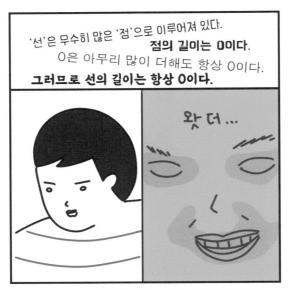

'선'은 무수히 많은 '점'으로 이루어져 있다.
점의 길이는 0이다.
0은 아무리 많이 더해도 항상 0이다.
그러므로 선의 길이는 항상 0이다.

왓 더...

가만히_있던_이과_열받게_하기.jpg

{ 방해 }

{ 희생 }

선택공리를 받아들였어?

그래

대신 뭘 잃었어?

(바나흐-타르스키 역설)

{ 시험 }

{ 가로수 }

{ 잘 들어 }

{ 선택하세요 }

내가 졌다..!

초월수가 있는 이미지를
모두 선택하세요.

$e+\pi$	$e\pi$	π^e
e^e	π^π	$\log\pi$
$\log 2^\pi$	$\log(\log 2)$	$(\log 2)(\log 3)$

확인

{ 미용실 }

{ 평평한 지구 }

{ 양면성 }

 @BUSY MEEM

오늘은 교수님이 양면성이 드러나는
사진을 찍어오라고 해서 "열린교회가 닫힘"
사진을 발표했다가 박살났다.

댓글
선 넘네...

@MATHLOVER

아, 이건 수학적으로는 충분히 가능한 건데.
교회가 위상공간 (X,T)에 대해 공집합 또는
X인 경우, 항상 열려 있으며 동시에 닫혀
있다고 볼 수 있는 거거든.

{ 쉽겠지? }

{ 택배 }

{ 시력검사 }

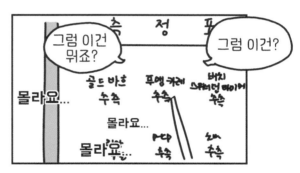

{ 무리수 }

니가 왜
거기서 나와..?

$\sqrt[3]{2}$ 는 무리수 증명

$\sqrt[3]{2}$ 가 유리수라고 하자.

→ $\dfrac{q}{p} = \sqrt[3]{2}$ (p,q : 자연수)

→ $q = p\sqrt[3]{2}$

→ $q^3 = 2p^3 = p^3 + p^3$

페르마의 마지막 정리에 모순된다!

$\sqrt[3]{2}$ 는 무리수.

{ 난제 }

{ 네가 참아 Ⅱ }

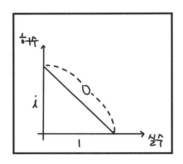

미분도 적분도 별거 아니다

사과의 질량은 천칭으로 측정하면 된다지만, 문제는 속도였죠.

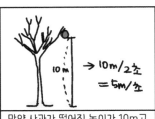

$$\rightarrow 10m/2초 = 5m/초$$

만약 사과가 떨어진 높이가 10m고 땅에 닿기까지 2초가 걸렸다고 한다면, 보통은 사과의 속도를 1초당 5m, 즉, 5m/초라고 답할 거예요.

1초당 평균적으로 5m씩 이동한다는 의미이죠.

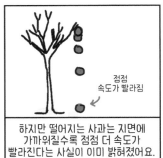

점점 속도가 빨라짐

하지만 떨어지는 사과는 지면에 가까워질수록 점점 더 속도가 빨라진다는 사실이 이미 밝혀졌어요.

따라서 땅에 닿는
순간 사과의 속도는
분명하게 5m/초보다
빠를 겁니다.

희번득

이제
넌 좀 빠져봐.

왜요?
ㄷㄷ

뚝딱

거리
시간

뉴턴에게 기존의 속도와는 다른,
새로운 속도의 정의가 필요했어요.

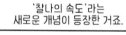

'찰나의 속도'라는
새로운 개념이 등장한 거죠.

찰나의
속도

평균
속도

쌱 =3

이게 바로 오늘날
'미분'이라 불리는 개념이에요.

또는 '순간 변화율'
이라고도 부릅니다.

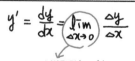

$$y' = \frac{dy}{dx} = \lim_{\Delta x \to 0} \frac{\Delta y}{\Delta x}$$

x의 변화량(Δx)이
한없이 0에 가까워진다는
기호

즉, '찰나'가 된다는 의미이죠.

후훗. 만약 실이 없다면요?

그리고 과연 그 값이 완전 정확할까?

수학자들은 곡선에 근접한 짧은 선분들의 모임으로 곡선 길이의 근삿값을 구할 수 있다고 생각했습니다.

수학자

!

선분의 길이는 자로 재면 되니까요.

해맑

수학자

물론 선분의 길이를 더 짧게 하면 할수록 선분 길이의 합은 곡선의 길이와 더 가까워지게 될 거고요.

농담 해설

11쪽 ▷ **덧셈 주제에**

자연수의 곱셈은 자연수 덧셈의 반복을 의미한다. 예를 들어 $2 \times 3 = 2 + 2 + 2$, $2 \times 4 = 2 + 2 + 2 + 2$이다. 얼핏 덧셈보다 곱셈의 결과가 항상 더 클 것만 같지만, $3 \times 2 \times 1$은 $3 + 2 + 1$과 6으로 그 결과가 같다. 심지어 $2 \times 1 \times 0$은 $2 + 1 + 0$보다 더 작다.

생각해보기

* 0을 곱하면 왜 0일까?
* −1이나 0.5와 같이 자연수가 아닌 수를 곱하는 건 무슨 의미일까?

12쪽 ▷ **허각이네 치킨**

수표란 금융기관(은행 등)이 적혀 있는 금액을 대신 지불해주기로 약속한 것인데, 부도수표란 금융기관이 지불을 거절한 수표를 일컫는다.

문제로 돌아와서, 가치가 0원인 부도수표를 생각하지 말고 손님과 치킨집 사장, 옆집의 최종 상황만을 파악해보면 이 문제의 답은 비교적 간단하다. 손님은 치킨 7만 원과 현금 3만 원, 즉, 총 10만 원의 이득을 보았다. 옆집은 이득도 손해도 보지 않았다. 따라서 치킨집 사장은 손님이 본 이득만큼, 즉 10만 원의 손해를 본 것이라 이해할 수 있다.

14쪽 ▷ **넷둘셋둘**

수에는 기수와 서수가 있다. 기수란 개수를 셀 때 쓰는 수로, "하나, 둘, 셋, 넷"과 같이 말한다. 서수란 번호를 붙이는 수로, "일, 이, 삼, 사"와 같이 말한다.

만약 4232를 서수로 "사이삼이"라 읽었다면 누구나 혼동 없이 '4232'를 떠올릴 것이다. 하지만 기수로 "넷둘셋둘"이라 읽으면, 이것이 '숫자의 개수'를 표현한 것인지 단순히 '숫자 그 자체'를 표현한 것인지를 혼동할 여지가 생긴다.

생각해보기

영어로 'one, two, three, four…'와 'first, second, third, fourth…'는 각각 기수일까, 서수일까?

15쪽 ▷ **점선면구**

수학 용어가 일상에서 쓰일 때는, 본연의 정의^{definition}와 다르게 쓰이는 경우가 많다. 일상적으로 우리는 점, 선, 면을 다음과 같이 인식한다.

점 펜 따위로 작고 둥글게 찍은 것.

선 펜 따위로 그어 놓은 금이나 줄.

면 평평한 바닥.

수학 용어로서 점, 선, 면은 다음과 같이 정의할 수 있다.

점 두 선이 포개어지지 않고 교차해서 만들어지는 대상.
선 두 면이 포개어지지 않고 교차해서 만들어지는 대상.
면 입체도형의 겉.

따라서 수학 용어로서의 면은 부피를 갖지 않는다. 또한 선은 면적을 갖지 않고 점은 길이를 갖지 않는다.

생각해보기

◆ 현실에서 우리는 수학적 의미의 선을 그을 수 있을까?
   또 수학적 의미의 점을 찍을 수 있을까?

◆ 점, 선, 면처럼 수학적인 정의와 다르게 쓰이는 일상용어로는
   또 어떤 게 있을까?

16쪽 ▷ **소원**

나눗셈은 곱셈의 결과를 거꾸로 되돌려주는 연산이다. 예를 들어 $2 \times 3 = 6$, $6 \div 3 = 2$이다.

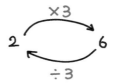

1÷0은 뭘까? 이는 0을 곱했을 때 1이 되는 수가 무엇인지를 묻는 것과 같다. 하지만 그런 수는 존재하지 않는다. 어떤 수라도 0을 곱하면 그 결과는 항상 0이기 때문이다. 마찬가지로 2÷0도, 3÷0도 불가능하다.

▶ ?에 해당하는 수는 없다!

0÷0은 좀 더 특별하다. 어떤 수에 0을 곱해도 항상 그 결과는 0이므로, 이 경우에는 어느 하나의 수를 특정하기가 곤란하다. 2×0도, 3×0도, 4×0도 모두 다 0이니까.

▶ ?를 하나로 특정하기 곤란하다!

이러한 이유들로 '나누기 0'은 일반적으로 잘 다루지 않는다.

기적

오늘날 우리는 10진법을 주로 이용해 수를 표기한다. 10진법은 인간의 손가락이 열 개인 것과 관련해 고대 이집트 문명 때부터 쓰였을 것으로 추정되는 기수법*이다. 10의 제곱수인 $\frac{1}{100}$, $\frac{1}{10}$, 1, 10, 100 등을 단위의 기준으로 한다. 그래서 $22 = 2 \times 10 + 2 \times 1$이고 $0.22 = 2 \times \frac{1}{10} + 2 \times \frac{1}{100}$이다.

참고로 옛날 마야 문명에서는 20진법을 썼고, 바빌로니아 문명에서는 60진법을 썼다고 한다. 60진법의 흔적은 비교적 오늘날에도 다양하게 찾아볼 수 있는데, 예를 들어 '2시간 2분'을 우리는 '$2 \times 3600 + 2 \times 60$초'로 환산한다.

생각해보기

외계의 지적생명체가 있다면 그들도 과연 우리처럼 10진법을 사용할까?

짝수와 홀수

용어의 정의는 곧 정확한 사고의 출발점이므로 애매한 말이나 여러 뜻으로 해석될 여지가 있는 말, 자기 자신을 이용한 말 등을 피해야 한다.

짝수가 '홀수 아닌 수'이고 홀수는 '짝수 아닌 수'라고 한다면,

---

* 기수법이란 수를 시각적으로 나타내는 방법으로 단항 기수법, 명수법, 위치값 기수법 등이 있다. 십진법은 대표적인 위치값 기수법이다.

결국 짝수란 '짝수 아닌 수가 아닌 수'란 의미가 된다. 자기 자신을 이용한 부적절한 정의이다.

그래서 수학에서는 일반적으로 짝수를 '2로 나누어떨어지는 정수', 홀수를 '2로 나누어떨어지지 않는 정수'라고 정의한다.

19쪽 ▷ **몇 살이에요?**

시계, 달력, 황도 12궁, 십이지 등에서 볼 수 있듯이 시간 체계에서 12를 기준 단위로 쓰는 경우는 많다. 그 외에도 1피트는 12인치, 1인치는 12라인, 1그로스는 12타, 1타는 12개 등 삶에서 다양하게 그 용례를 볼 수 있다.

이처럼 12가 10 못지않게 기본 단위로 많이 쓰이는 이유는 1태양년 동안 달이 12번 차고 기우는 이유도 있지만, 12가 비교적 작은 수들 가운데서도 많은 약수*를 갖기 때문에 여러 상황에서 계산을 편리하게 해주는 이유도 있다.

No.	약수
10	1, 2, 5, 10
11	1, 11
12	**1, 2, 3, 4, 6, 12**
13	1, 13
14	1, 2, 7, 14
15	1, 3, 5, 15

20쪽 ▷ **꿀팁**

백분율 또는 퍼센트는 수를 100과의 비로 나타내는 방법이다. 네덜란드어인 프로센트를 줄여서 프로라고 부르기도 한다.

예를 들어 $0.25 = 25\%$, $0.5 = 50\%$, $1 = 100\%$, $2 = 200\%$ 등과 같다. 50의 6퍼센트라고 함은 $50 \times 6\% = 50 \times 0.06 = 3$을 의미하는데, $50 \times 0.06 = 6 \times 0.5$이다.

> 생각해보기

얼핏 비슷해 보이는 비^{Ratio}, 율^{Rate}, 비율^{Proportion}, 분수^{Fraction}는 각각 어떤 차이가 있는 것일까?

21쪽 ▷ **논쟁**

전체에 대한 각 부분의 비율을 부채꼴 모양으로 백분율로 나타낸 그래프를 원그래프라 한다. 비율을 한눈에 볼 수 있다는 장점이 있어서 통계 수치를 공개할 때 자주 활용된다.

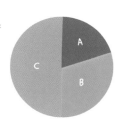

예를 들어 $A : B : C = 2 : 3 : 5$라면, 다음과 같은 원 그래프를 그릴 수 있다.

• 약수란 어떤 수를 나누어 떨어지게 하는 수를 말한다. 예를 들어 2는 6의 약수이며, 3도 6의 약수이다. 4는 6의 약수가 아니다. 그 반대로 어떤 수에 정수를 곱한 수를 배수라 하는데, 6은 2와 3의 배수이며 4의 배수는 아니다.

22쪽 ▷ **단위**

1마일은 고대 로마시대에 병사들이 걷던 걸음으로 1000보를 간 거리에서 유래했다. 1야드는 12세기 영국 헨리 1세가 팔을 뻗었을 때 코끝에서 엄지손가락 끝까지의 길이로 정했다는 설이 있다. 1피트는 성인 남자의 발 길이를, 1인치는 엄지손가락의 너비를 각각 의미한다.

이러한 단위들을 통틀어 '야드파운드법'이라 부르는데, 우리에게 익숙한 '미터법'과는 달리 일반인들이 직관적이고 쉽게 이해할 수 있다는 장점이 있다. 동아시아의 전통 단위계인 '척관법'과도 유사하다.

하지만 정밀한 수치를 측정하기에는 어려움이 따르며 10진법과도 맞아떨어지지 않고, 하나의 물리량에 여러 단위가 관여하는 등 여러 문제점도 안고 있다.

23쪽 ▷ **암산왕**

$117 \times 23 = 23 \times 117$인 것과 같이 계산의 순서를 바꿔도 그 결과가 같은 성질을 교환법칙이라 한다. 덧셈과 곱셈은 교환법칙이 성립하지만 뺄셈과 나눗셈은 교환법칙이 성립하지 않는다. $1+2 = 2+1$이지만 $1-2 \neq 2-1$이다. 마찬가지로 $1 \times 2 = 2 \times 1$이지만 $1 \div 2 \neq 2 \div 1$이다.

$61 \div 8$의 계산값은 $\frac{61}{8}$과도 같고 7.625와도 같다. 즉, $61 \div 8 = \frac{61}{8} = 7.625$이다. 이때 $\frac{61}{8}$은 '분수', 7.625는 '소수'라 부른다.

분수와 소수는 수를 표기하는 대표적인 두 방식이다.

생각해보기

소수^{decimal}와 소수$^{small number}$와 소수$^{prime number}$는 수학에서 쓰이는 대표적인 동음이의어이다. 각각의 정의는 무엇일까? 그리고 위에서 말한 소수는 셋 중 어떤 것일까?

24쪽 ▷ **가격표**

이 사진에는 두 가지 유형의 오류가 있다.

① $90,000 \times 30\% + 80,000 \times 50\% \neq 170,000 \times 80\%$

만약 30%와 50%의 대상이 되는 가격이 90,000으로 같았다면 다음과 같은 등식은 성립할 수 있다.

$$90,000 \times 30\% + 90,000 \times 50\% = 90,000 \times (30\% + 50\%)$$
$$= 90,000 \times 80\%$$

② 80,000의 30% 할인가격 $\neq$ 35,000

올바른 30% 할인가격은

$$80,000 \times (100\% - 30\%) = 80,000 \times 70\% = 56,000,$$

즉 56,000원이다.

그러면 35,000은 80,000의 몇 퍼센트 할인가격일까?

25쪽 ▷ **모서리**

일상용어로서의 모서리는 수학적 정의와는 다르게 쓰이곤 한다.

수학 용어로서 모서리의 정의는 '두 면이 만나서 생기는 선분'이다. 우리는 일상에서 "책상 모서리에 박았어"와 같은 표현을 쓰곤 하지만, 이때 쓰인 모서리는 수학 용어 '꼭짓점'으로 해석하는 게 적절하다. 꼭짓점의 정의는 '두 반직선이 이루는 점'이다.

온도로서 90도는 90°C 또는 90°F를 의미하고, 각도로서 90도는 90°를 의미한다. 전혀 다른 단위를 의미하는 동음이의어이다. 한국어로만 이들이 동음이의어인 건 아니다. 영어로도 일반적으로 90°C와 90°는 모두 90 degrees라고 부른다.

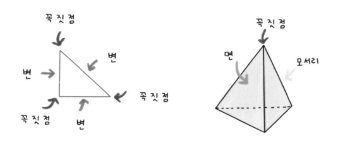

26쪽 ▷ **공중부양**

사회적 거리두기 지침 안내 그림.

어딘가 이상한 이 그림에서 표현된 대로 네 명의 사람이 서로 2미터씩 떨어지기 위해서는…

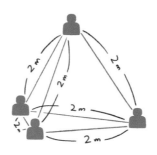

생각해보기

다섯 명의 사람이 2미터씩 서로 떨어져서 서 있을 수는 있을까?

27쪽 ▷ **답안지**

직사각형 종이를 한 번 꼬아서 끝을 붙인 고리를 뫼비우스의 띠[*]라고 부른다.

이 띠는 안쪽과 바깥쪽의 구분이 없다. 즉, 어느 한 면에 색을 칠하다 보면 모든 면이 칠해진다. 또한 면 위에서 위나 아래, 오른쪽이나 왼쪽 등의 방향 구분이 불가능하다는 특징도 있다. 방향 구분이 가능한 우리 세계와는 다른 특징이다.

그러한 이유들로 도형을 다루는 수학 분야인 기하학에서 뫼비우스의 띠는 중요한 연구대상이기도 하지만, 실생활에서도 많이 활용되곤 한다. 일반적인 띠와 달리 모든 면을 사용할 수 있기에

~~~~~~~~~

* 아우구스트 뫼비우스(1790~1868)라는 독일 수학자의 이름을 땄다.

활용성이 좋을 뿐 아니라 내구성도 좋기 때문이다. 대표적으로 공항의 컨베이어 벨트, 에스컬레이터, 공장의 생산라인, 비디오 테이프 등에 활용된다.

28쪽 ▷ **10원**

문제의 마지막 상황에서 '나'에게는 10원의 현금과 970원짜리 과자, 총 980원어치의 금액이 있다. 이는 아빠의 490원, 엄마의 490원을 더한 금액과 같다.

　여전히 헷갈린다면 아래의 수식 전개를 보면서 상황을 차근차근 되새김해보자.

$$500 + 500 = 970 + 30$$
$$= 970 + 10 + 10 + 10$$
$$= (970 + 10) + 10 + 10$$
$$\Rightarrow (500 - 10) + (500 - 10) = (970 + 10)$$
$$\Rightarrow 490 + 490 = 980$$

29쪽 ▷ **눈사람**

올해에는 독특한 눈사람을 만들어보는 건 어떨까? 흔히 플라톤의 다면체라고 부르는 볼록 정다면체에는 다음과 같이 5종류가 있다.

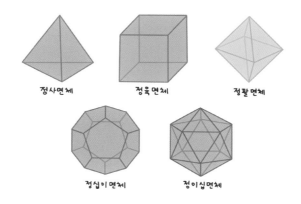

정사면체　　　　　정육면체　　　　　정팔면체

정십이면체　　　　　정이십면체

생각해보기

위의 5종류 말고 다른 정다면체는 없을까?

30쪽 ▷ **12시 30분**

12시 30분은 아래와 같이 완벽하게 시침과 분침이 등을 돌리고 있지 않다.

　원의 중심각은 360도이므로 이를 12로 나누면 한 시간당 중심각은 30도씩이다. 즉, 그것의 절반인 15도만큼 시침이 기울어져 있다는 걸 파악할 수 있다.

32쪽 ▷ **신기해**

똑바로 봐도, 뒤집어 봐도 수식의 형태가 똑같지 않은가? 우리가 쓰는 숫자에서 1, 8, 0은 뒤집어도 1, 8, 0이다. 또한 6을 뒤집으면 9가 되고, 9를 뒤집으면 6이 된다. 이를 잘 활용해서 여러분도 자기만의 재밌는 수식을 만들어보자.

33쪽 ▷ **푸린**

∞는 무한대를 나타내는 기호로 17세기 영국 수학자 존 월리스가 도입했다. 왜 이러한 모양을 사용했는지에 대해서 월리스는 밝히지 않았다. 그래서 1000을 나타내는 로마 숫자인 ↀ(또는 CIↃ)를 기초로 만들었다는 설, 그리스 문자의 마지막 문자인 ω를 기반으로 만들었다는 설 등 다양한 추측이 있다.

34쪽 ▷ **각도기**

한 바퀴의 각도는 왜 360도일까? 고대 바빌로니아 사람들은 수 체계로 60진법을 사용했다. 그리고 그들은 정삼각형을 기본 단위로 삼아 정삼각형의 한 각을 60도로 정의했다. 또한 고대 천문학자들은 1년을 360일이라 생각했고, 태양이 1년 동안 황도를 따라 1도씩 움직인다고 생각했다.

이러한 이유들로 우리는 1회전을 360등분으로 정의하는데, 사실 각도의 국제단위는 라디안이다. 1회전은 2π 라디안이며 1도는

$\dfrac{\pi}{180}$ 라디안이다.

공부해보기

라디안이란 무엇일까?

35쪽 ▷ **독심술**

아무 숫자나 생각해보자.

거기에 2를 곱하자.

나온 값에 10을 더하자.

그 결과를 절반으로 나눠보자.

처음 생각했던 숫자를 거기에서 빼보자.

그러면 답은 5가 나올 것이다.

36쪽 ▷ **궤도**

'푸틴' 해설 참고.

37쪽 ▷ **영웅**

레온하르트 오일러(1707~1783)는 많은 수학자들에게서 '역사상 가장 위대한 수학자'라 손꼽히고 존경받는 인물이다.

"오일러를 읽고 또 읽어라. 그는 우리 모두의 스승이다."
— 피에르-시몽 라플라스

"오일러의 작품에 대한 연구는 다양한 수학 분야를 위한 최고의 학교이며, 다른 어떤 것도 이를 대체할 수 없을 것이다."
— 카를 프리드리히 가우스

"오일러는 시대의 가장 위대한 거장이다."
— 존 폰 노이만

오일러는 그의 대단한 업적들뿐 아니라, 겸손하고 온화하며 인자했던 그의 성품으로도 많은 수학자들로부터 존경받았다.

45쪽 ▷ **중괄호**

수식에서 우선적으로 연산할 대상에는 괄호를 표시하며, 소괄호
보다 중괄호를, 중괄호보다 대괄호를 바깥에 써준다. 예를 들자
면 다음과 같다.

$$[1 - \{(2+3) \times 3 - 3\} \div 2] + 1 = \{1 - (5 \times 3 - 3) \div 2\} + 1$$
$$= (1 - 12 \div 2) + 1$$
$$= (1 - 6) + 1$$
$$= -5 + 1$$
$$= -4$$

하지만 중괄호나 대괄호는 계산의 우선순위 표시 말고도 다양한
용도로 사용되는 데다, 복잡한 수식에서 괄호의 종류를 무한정
더 늘리는 건 비효율적이기에 소괄호만을 중첩 사용해서 수식을
표기하곤 한다. 이를테면 다음과 같다.

$$(1 - ((2+3) \times 3 - 3) \div 2) + 1$$

2+3처럼 두 피연산자(2와 3) 사이에 연산자(+)를 표기하는 방식을
'중위표기법'이라고 한다. 그 외에도 전위표기법, 후위표기법 등의
방식이 있는데, 각 표기법의 장단점은 무엇일까?

46쪽 ▷ **2배**

두 자연수의 곱셈은 덧셈의 반복이다.

예를 들어 $3 \times 5 = 3 + 3 + 3 + 3 + 3$이고, 이는 $5 \times 3 = 5 + 5 + 5$와
도 같다. 즉, $3 \times 5 = 5 \times 3$이다.

정수에 대해서도 이 규칙을 적용한다.

예를 들어 $3 \times 0 = 0 \times 3 = 0 + 0 + 0 = 0$이다. 마찬가지로 어떤 수
에 0을 곱해도 그 결과는 0이다.

47쪽 ▷ **산산조각**

우리가 흔히 쓰는 실수 체계에서 '나누기 0'은 정의하지 않는다.
하지만 $1 \div 0$이나 $0 \div 0$을 실수가 아닌 다른 대상으로 새롭게 정
의하는 수학의 세계도 있다. 바퀴이론Wheel Theory이 대표적이다.
수학은 결코 쉽게 산산조각 나지 않는다.

48쪽 ▷ **서열**

$3+3=6 < 3\times3=9 < 3^3=27$

$2+2=4 = 2\times2=4 = 2^2=4$

$1+1=2 > 1\times1=1 = 1^1=1$

49쪽 ▷ **동기부여**

현재가 1이라고 가정했을 때, 매일 1퍼센트씩 성장하면 1년 후에는 약 37.78이 된다. 반대로 매일 1퍼센트씩 퇴보하면 1년 후에는 약 0.03이 된다.

생각해보기

주식투자를 해서 오늘 10% 이익을 보고, 내일 10% 손실을 보면 결과적으로 본전이 아니라 1% 손실이 된다. 왜일까?

50쪽 ▷ **XXXXX**

수학에서 미지수를 x로 처음 사용한 사람은 "나는 생각한다, 고로 나는 존재한다"라는 명언으로 유명한 17세기 수학자 르네 데카르트다. 그는 저서 『방법서설』의 부록이었던 「기하학」에서 이미 알고 있는 값을 알파벳 앞쪽 문자인 a, b, c 등으로 나타내고, 미지의 값을 알파벳 뒤쪽 문자인 x, y, z로 나타냈다.

곱셈 기호인 $\times$는 17세기 영국 수학자 윌리엄 오트레드가 십자가를 비스듬히 기울여 곱셈 기호로 쓴 것에서 유래했다. 하지만 기호 ×는 문자 x와 혼동되기 쉬워서 아예 기호를 생략하거나 · 기호 등을 대신 사용하기도 한다.

> **생각해보기**
>
> 사칙연산의 다른 기호들(+, −, ÷)의 유래도 찾아보자.
> 추가로 복부호기호(±)도 알아보는 건 어떨까?

51쪽 ▷ **신기한 거**

$\sqrt{}$ 는 거듭제곱근을 나타내는 기호로 '근호', '루트' 등으로 부른다. 이 기호를 처음 쓴 사람은 16세기 독일 수학자 크리스토프 루돌프다. 세제곱근, 네제곱근 등은 $\sqrt[3]{}$, $\sqrt[4]{}$ 와 같이 표기한다.

$\sqrt{a}$ 는 '루트 a' 또는 '제곱근 a'라 읽는다. 한편, $x^2 = a$에서 x는 'a의 제곱근'이라 부른다. 예를 들어 4의 제곱근이란 '제곱하여 4가 되는 수'로, 2뿐만 아니라 -2까지 가리킨다. 이 중에 '제곱근 4($\sqrt{4}$)'는 양수 값인 2이다.

본문에 나오는 수식을 계산해보면,

$$\sqrt{4\%} = \sqrt{\frac{4}{100}} = \sqrt{\left(\frac{2}{10}\right)^2} = \frac{2}{10} = \frac{20}{100} = 20\%$$ 가 된다.

52쪽 ▷ **수학 시간 I**

정수론에서 각 자릿수를 그 수만큼 제곱하여 모두 합한 결과가 원래의 값이 나오는 수를 '뮌하우젠 수'라고 부른다. 대표적인 뮌하우젠 수로는 3435가 있다. 즉, $3^3 + 4^4 + 3^3 + 5^5 = 3435$이다. 그리고 $0^0 = 0$이라 정의하면 $4^4 + 3^3 + 8^8 + 5^5 + 7^7 + 9^9 + 0^0 + 8^8 + 8^8 = 438579088$과 같은 큰 뮌하우젠 수가 만들어지기도 한다.

54쪽 ▷ **교과서**

수학에서 실수Real number란 수직선 위에 나타낼 수 있는 모든 수로, 유리수와 무리수 전체를 총칭하여 확장한 수다.

실수는 '무한소수 형식으로 표현할 수 있는 모든 수'라고 받아들일 수도 있다. 이때 유한소수는 마지막 자리 뒤에 0을 무한히 늘려 무한소수 형식으로 표현할 수 있고, 따라서 '순환하는 무한소수'이다. 예를 들어 $0.1 = 0.1000\cdots$이고, $36.9 = 36.9000\cdots$이다.

유리수는 '순환하는 무한소수'로, 무리수는 '순환하지 않는 무한소수'로 분류할 수 있다. 예를 들어 $\sqrt{2} = 1.41421356237\cdots$로 순환하지 않는 무한소수, 즉, 무리수이다.

| 생각해보기 |

$\sqrt{2}$의 소수 자릿수가 순환하지 않는다는 건 어떻게 알 수 있을까?

수학 시간 Ⅱ

2^{3^2}는 8^2일까, 2^9일까? 즉, 아래에서부터 계산하는 것과 위에서부터 계산하는 것 중에 뭐가 더 타당할까?

위에서부터 계산하는 게 더 타당하다. 아래에서부터 계산된 8^2는 지수법칙에 의해 $8^2 = (2^3)^2 = 2^{3 \times 2}$으로 해석할 수 있고, 2^{3^2}와 $2^{3 \times 2}$는 다르기 때문이다.

여담으로 덧셈을 반복하여 곱셈을 얻고 곱셈을 반복하여 거듭제곱을 얻었듯이, 거듭제곱을 반복하여 얻는 연산을 '테트레이션tetration'이라 부른다. 예를 들어 2의 4번째 테트레이션은 $^4 2 = 2^{2^{2^2}}$와 같이 표기한다.

생각해보기

테트레이션을 반복해서 얻는 연산은 무엇이고, 어떻게 표기할까?

오류 Ⅰ

'나누기 0'은 일반적으로 허용되지 않는다. 만약 이를 허용하면,

$$2 \times 0 = 3 \times 0 \quad \xrightarrow{\text{양변을 0으로 나눔.}} \quad 2 = 3$$

과 같은 비합리적인 결과가 얼마든지 유도될 수 있기 때문이다. 본문의 방정식도

$$2x = 3x \implies 0 = 3x - 2x$$
$$\implies 0 = (3-2)x$$
$$\implies 0 = 1x$$
$$\implies 0 = x$$

와 같이 풀이하는 게 합당하다.

57쪽 ▷ **인수분해 I**

인수분해란 주어진 수나 다항식 또는 행렬 등을 몇 개의 인수들의 곱의 형태로 나타내는 것을 말한다. 어떤 정수를 여러 개의 소수들의 곱으로 표현하는 소인수분해도 인수분해의 한 종류다.

$$60 = 2^2 \times 3 \times 5 : \text{소인수분해}$$
$$x^2 + x = x \times (x+1) : \text{인수분해}$$

58쪽 ▷ **인수분해 II**

이차방정식 $ax^2 + bx + c = 0$의 좌변은 다음과 같이 인수분해 된다.

$$ax^2 + bx + c = a\left(x - \frac{-b + \sqrt{b^2 - 4ac}}{2a}\right)\left(x - \frac{-b - \sqrt{b^2 - 4ac}}{2a}\right)$$

따라서 $ax^2 + bx + c = 0$의 해는 다음과 같다.

$$\frac{-b \pm \sqrt{b^2 - 4ac}}{2a}$$

이를 '근의 공식'이라 부른다. 인수분해를 쓰기 쉬운 형태의 이차방정식도 있으나, 쓰기 어려운 형태의 이차방정식은 근의 공식을 이용하여 방정식을 풀이하는 편이 좋다.

예를 들어 $x^2 - 3x + 2 = (x - 1)(x - 2)$이므로, 이차방정식 $x^2 - 3x + 2 = 0$의 해는 $x = 1$ 또는 $x = 2$임을 쉽게 알 수 있다. 하지만 이차다항식 $x^2 + x + 1$은 다음과 같이 복잡하게 인수분해 되기 때문에 차라리 근의 공식을 이용하는 편이 낫다.

$$\left(x - \frac{-1 - \sqrt{-3}}{2} \right)\left(x - \frac{-1 + \sqrt{-3}}{2} \right)$$

59쪽 ▷ **소개링 I**

예로부터 오른쪽과 위쪽을 양(+), 왼쪽과 아래쪽을 음(−)으로 간주하는 관습이 있었다. 그래서 우리는 좌표축을 그릴 때 다음과 같이 화살표로 각각 양의 방향을 표시한다.

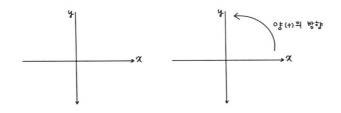

일반적으로 가로축(x)을 먼저 그리고 세로축(y)을 나중에 그리는 관습상, 오른쪽에서 위쪽으로의 회전인 반시계방향을 양($+$)의 방향, 그 반대인 시계방향을 음($-$)의 방향으로 간주한다.

생각해보기

시계방향이 현재와 같은 방향으로 정해진 이유는 무엇일까?

60쪽 ▷ **소개링 II**

평면 위에 직교좌표계가 정의되어 있을 때, 함수 또는 관계의 그래프가 좌표축과 만나는 점을 절편이라고 한다. 특히, 그래프가 x축과 만나는 점을 x절편, y축과 만나는 점을 y절편이라고 한다.

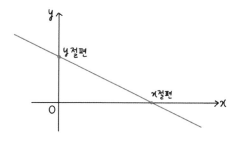

61쪽 ▷ **얼굴**

좌표평면에서 이차함수 $y = ax^2 + bx + c$의 그래프 개형은 $a > 0$
일 때 ∪ 모양으로, $a < 0$일 때 ∩ 모양으로 그려진다.

예를 들어 $y = x^2$과 $y = -x^2$의 그래프는 각각 다음과 같다.

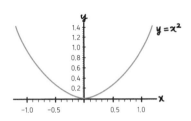

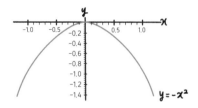

x가 0, 1, 2, 3, … 등으로 변함에 따라 y값이 각각 어떻게 변화
하는지를 관찰해보면 쉽게 그 개형을 파악할 수 있다.

62쪽 ▷ **지하철**

두 함수 $f : X \rightarrow Y$, $g : Y \rightarrow Z$가 주어졌을 때, X의 임의의 원소 x에 Z의 원소 $g(f(x))$를 대응시키는 새로운 함수를 f와 g의 합성함수라 하고 $g{\circ}f$로 나타낸다. 그리고 $g{\circ}f(x)=g(f(x))$ 또는 $(g{\circ}f)(x)=g(f(x))$로 정의한다.

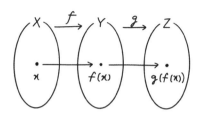

예를 들어 $f(x)=x^2$일 때 $f(2)=2^2=4$이고, $f(f(2))=(f(2))^2=4^2=16$이다.

63쪽 ▷ **거울**

원의 크기와 상관없이 원의 지름과 둘레(원주)의 비는 항상 일정한데, 이 비를 원주율이라 하고 π(파이)로 나타낸다. $3.141592\cdots$로 순환하지 않는 무한소수(무리수)이므로, 일상에서는 그 근삿값으로 3.14를 채택하곤 한다.

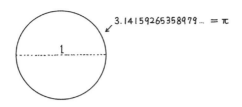

$$3.14159265358979\ldots = \pi$$

기호 π는 '둘레'를 뜻하는 그리스어 '페리메트로스$^{\pi\varepsilon\rho\iota\mu\varepsilon\tau\rho\sigma\varsigma}$'의 머리글자로 1706년에 영국의 수학자 윌리엄 존스가 최초로 사용했다.

> 생각해보기
>
> **원주율은 왜 순환하지 않는 무한소수(무리수)일까?**

64쪽 ▷ **함정카드**

순환하는 무한소수 형태로 표현 가능한 유리수는 두 정수의 분수로 나타낼 수도 있다. 예를 들면 다음과 같다.

$$0.25 = \frac{1}{4} \qquad 36.9 = \frac{369}{10}$$

순환하지 않는 무한소수, 즉 무리수는 두 정수의 분수로 나타낼 수 없다. 예를 들어 $\sqrt{2}$나 π, e 등은 두 정수의 분수로 나타낼 수 없다. 물론 정수가 아니라면 얼마든지 분수 형식으로 나타낼 수 있다.

생각해보기

무리수가 두 정수의 분수로 나타낼 수 없다는 건 어떻게 알 수 있을까?

65쪽 ▷ **피자**

다음 그림과 같이 원을 세밀하게 잘라 서로 교차해서 붙이다 보면 한없이 직사각형에 가까워진다. 이때 직사각형의 가로 길이는 원주의 절반이기 때문에 $r\pi$가 되며, 따라서 넓이는 $r^2\pi$가 된다.

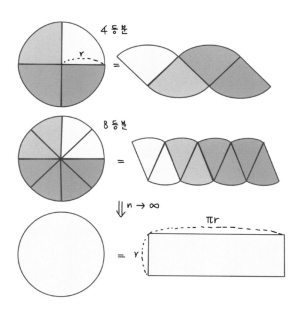

66쪽 ▷ **불편함**

1보다 큰 자연수 중에서 1과 자기 자신만을 약수로 가지는 수를 소수라 하고, 1보다 큰 자연수 중에서 소수가 아닌 수, 즉 약수가 3개 이상인 수를 합성수라 한다.

2부터 20까지의 수를 소수와 합성수로 분류하면 다음과 같다.

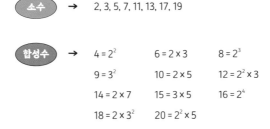

소수 → 2, 3, 5, 7, 11, 13, 17, 19

합성수 →
$4 = 2^2$	$6 = 2 \times 3$	$8 = 2^3$
$9 = 3^2$	$10 = 2 \times 5$	$12 = 2^2 \times 3$
$14 = 2 \times 7$	$15 = 3 \times 5$	$16 = 2^4$
$18 = 2 \times 3^2$	$20 = 2^2 \times 5$	

생각해보기

2를 제외한 소수는 모두 홀수일까?

67쪽 ▷ **우울**

절댓값은 주어진 수가 0으로부터 얼마나 떨어져 있는지를 나타낸다. 따라서 실수 x의 절댓값은 음의 값이 될 수 없고 양의 실수이거나 0이 된다. 기호로는 $|x|$로 표시하는데, 예를 들어 $|2| = 2$, $|-3| = 3$, $|0| = 0$ 이다.

절댓값 기호($|\ |$)는 독일의 수학자 카를 바이어슈트라스가 1841년에 처음 사용했다.

68쪽 ▷ **도와줘**

도형의 꼭짓점에 명칭을 부여하는 순서는 관습적으로 반시계방
향을 따른다.

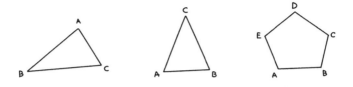

69쪽 ▷ **시계**

각을 나타낼 때 한 바퀴를 360도로 나누어 표현하는 것을 60분
법이라 한다. 360도법이라 불러도 좋지만, 60분법이라 부르는 이
유는 1도를 60분각으로 나누기 때문이다($1° = 60'$). 또한 1분각
은 60각초로 나누어진다($1' = 60''$). 즉, 1도는 3600각초이다. 이
름이 비슷하다고 시간의 분초와 헷갈리진 말자!

$$1° = 60' = 3600''$$

60분법이 정확히 언제부터 쓰였는지 명확하진 않지만, 고대
바빌로니아인들이 60진법 수체계를 사용했던 것으로 미루어보
아 대체로 바빌로니아 시대로부터 사용된 것이라 추측되고 있
다. 그 당시에는 1년을 360일이라 생각했고, 북극성 주위로 별들
이 하루에 1도씩 움직인다고 생각했다.

생각해보기

각을 표현하는 대표적인 두 방법인 60분법과 호도법(라디안법)의
장단점은 각각 무엇일까?

70쪽 ▷ ## 웃긴 얘기 Ⅰ

직각삼각형을 이루는 세 변인 밑변, 빗변, 높이 중에서 두 변을
선택하여 그 길이의 비를 계산한 것을 삼각비라고 한다. 가장 기
본적인 삼각비로는 사인sine, 코사인cosine, 탄젠트tangent가 있다.

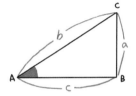

$$\sin A = \frac{a}{b}$$
$$\cos A = \frac{c}{b}$$
$$\tan A = \frac{a}{c}$$

위 직각삼각형에서 각 A가 만약 K라면 다음 식이 나올 것이
다.

$$\frac{\sin K}{\tan K} = \frac{\frac{a}{b}}{\frac{a}{c}} = \frac{a \times c}{b \times a} = \frac{c}{b} = \cos K$$

그리고 탱크와 싱크대의 영어 스펠링은 각각 tank, sink이다.

생각해보기

sin, cos, tan 기호의 유래와 의미는 무엇일까?

71쪽 ▷ **그림**

한 번 지나간 선으로는 지나가지 않고 모든 선을 이어 그림을 완성하는 걸 한붓그리기라고 한다.

한 꼭짓점에 연결된 변의 개수를 차수라 하는데, ① 꼭짓점의 차수가 모두 짝수이거나 ② 2개만 홀수고 나머지는 모두 짝수일 때 한붓그리기가 가능함이 알려져 있다.

예를 들어 다음 두 그래프는 모두 한붓그리기가 가능하다. 꼭짓점에 표시된 숫자는 각 꼭짓점의 차수이다.

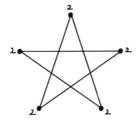 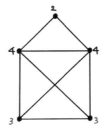

72쪽 ▷ **스파이**

$0 + 0 = 0 \times 0 = 0 - 0 = \sqrt{0} = 0$이다. $0 \div 0$은 우리가 흔히 쓰는 수 체계에서는 정의하지 않는 연산이다.

73쪽 ▷ **이진법**

이진법은 두 개의 숫자만을 이용하는 수 체계로, 관습적으로 0과 1의 기호를 쓰며 이들로 이루어진 수를 이진수라고 한다. 컴퓨터가 널리 쓰이는 현대에 그 중요성이 더 커진 수 체계다.

십진수를 이진수로 고칠 때는 십진수를 더 이상 나눌 수 없을 때까지 2로 나눈 다음, 나머지를 아래부터 차례로 나열하면 편리하다. 예를 들어 십진수 13은 다음 과정을 통해 이진수 1101로 쓸 수 있다.

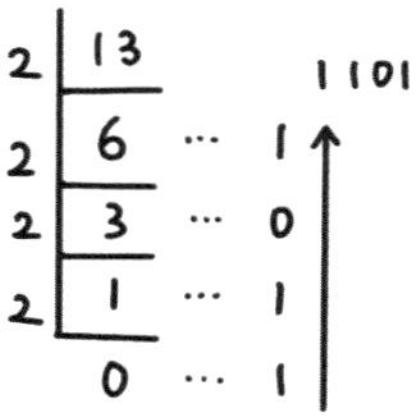

생각해보기

이진법의 창시자로 꼽히는 독일의 수학자 라이프니츠는
왜 이진법을 연구했을까?

74쪽 ▷ **오류 II**

무한대(∞)는 우리가 흔히 쓰는 수와 다르다. 수에서 하던 연산을 무한대에 적용하는 건 일반적으로 적절하지 않다.

$1 + 2 + 4 + 8 + \cdots$는 ∞로 발산한다. 즉, 본문의 식에서 $S = \infty$이고, 이를 $\infty = 1 + 2 \times \infty$와 같이 전개하는 건 적절하지 않다.

75쪽 ▷ **근의 공식**

방정식의 근을 사칙연산과 제곱근만 쓰는 일반화된 식으로 표현한 걸 '근의 공식'이라고 한다.

예를 들어 이차방정식 $ax^2 + bx + c = 0$의 근의 공식은 다음과 같다.

$$x = \frac{-b \pm \sqrt{b^2 - 4ac}}{2a}$$

1차부터 4차까지의 다항방정식은 근의 공식이 존재한다. 하지만 5차 이상의 다항방정식은 아벨 – 루피니 정리에 의해 이러한 대수적 근의 공식이 존재하지 않음이 증명되었다. 물론 그렇다고 풀이할 수 없다는 건 아니다.

76쪽 ▷ **런닝맨**

곱셈은 덧셈과 뺄셈에 대하여 분배법칙이 성립한다. 즉, 세 수 a, b, c에 대해 항상 $a(b \pm c) = ab \pm ac = (b \pm c)a$이다. 본문 그림의 식은 $2X(3Y + X) = 6XY + 2XX$이다. 남성이 6명이고 여성이 2명인데, 남성과 여성의 성염색체를 각각 XY, XX로 표현하는 데서

착안한 농담이다.

하지만 나눗셈은 덧셈과 뺄셈에 대해 분배법칙이 성립하지 않는다. 예를 들어 $6 \div (1+2) = 6 \div 3 = 2$인데, $6 \div 1 + 6 \div 2 = 6 + 3 = 9$이다. 즉, $6 \div (1+2) \neq 6 \div 1 + 6 \div 2$이다.

77쪽 ▷ **고민**

분수의 분자 또는 분모가 분수인 경우를 번분수라고 한다. 0이 아닌 a, b, c, d에 대해 다음과 같은 식이 성립한다.

$$\frac{\dfrac{a}{b}}{\dfrac{c}{d}} = \frac{a}{b} \div \frac{c}{d} = \frac{a}{b} \times \frac{d}{c} = \frac{ad}{bc}$$

78쪽 ▷ **유리**

분수 연산이나 크기 비교 등을 할 때 편의를 위해 무리수가 포함된 분모를 유리수로 바꾸는 과정을 '분모의 유리화'라고 한다. 그 예시는 다음과 같다.

$$\frac{1}{2} + \frac{3}{\sqrt{2}} = \frac{1}{2} + \frac{3\sqrt{2}}{2} = \frac{1+3\sqrt{2}}{2}$$

79쪽 ▷ **증명**

나눗셈의 세로셈법에서 쓰이는 기호와 제곱근 기호는 비슷하게 생겼기 때문에 혼동할 수 있다.

80쪽 ▷ **제곱수**

어떤 자연수를 두 번 곱해서 나오는 정수를 제곱수라고 한다.

81쪽 ▷ **바구니**

어떤 수가 소수인지 아닌지를 판별하는 건 쉽지 않다. 3, 11, 13, 17, 61, 101 등은 소수이다. 하지만 57은 생김새가 얼핏 소수처럼 보이지만 57 = 3 × 19으로 소수가 아닌 합성수다.

> 생각해보기
>
> 소수의 나열(2, 3, 5, 6, 11, 13, 17...)에는 규칙이 있을까?

82쪽 ▷ **문자와 숫자**

캡쳐된 논문은 2022년 필즈상 수상자인 허준이 교수의 논문이다.

오차

유리수는 두 정수의 분수 형식으로 나타낼 수 있는 수이고, 무리수는 그렇지 않은 수이다. 즉, 우리는 무리수를 어떤 두 정수의 분수 형식으로 깔끔하게 나타낼 수 없다. 물론 소수 형식으로 나타낼 수도 없다. 비순환 무한소수이기 때문이다.

따라서 여러 응용 학문 분야나 실생활 등에서는 무리수를 종종 근삿값으로 나타내 이용하곤 한다. 원주율을 3.14나 $\frac{22}{7}$ 등으로 표기하는 게 대표적인 예다. 실제로 무리수인 원주율은 3.14159265358979323846264338332795…이지만 말이다. 물론 순수 학문 분야에서는 이를 π라는 기호로 깔끔하게 나타낸다.

| 생각해보기 |

비순환 무한소수인 원주율의 소수점 아랫자리 나열은
어떤 방법으로 알아내는 것일까?

찍기

정답이 하나인 5지선다 문제를 임의로 찍어서 맞출 확률은 $\frac{1}{5}$ (=20%)이라 할 수 있다. 그런데 위 문제에는 20%라는 선택지가 두 개 있으므로 위 문제에 한정해서는 $\frac{2}{5}$ (=40%)가 아닐까 싶다. 그러면 ④번이 답이 아닐까? 문제 오류로 전원 정답 처리한다면 ⑤번이 정답처럼 보이고, 정답이 없다고 처리한다면 ①인 것도 같은데, 만약 둘 중 어느 하나가 정답이라면 그걸 찍어서 맞출 확률은 또 20%이므로…

93쪽 ▷ **덧셈**

$$0 = 0 + 0 = 0 - 0 = 0 \times 0 = \sqrt{0}$$

$0 \div 0$에 대해서는 '소원' 해설 참고.

94~95쪽 ▷ **초코파이 I & 초코파이 II**

'거울' 해설 참고.

96쪽 ▷ **느낌표**

자연수 n에 대해서 $n! = 1 \times 2 \times \cdots \times (n-1) \times n$이다. 물론 $1! = 1$이다. 이 연산을 팩토리얼factorial 연산이라고 하는데, 이를 자연수뿐만 아니라 정수, 유리수, 실수 등에도 부여할 수 있도록 정의한 함수들이 있다. 18세기의 수학자 레온하르트 오일러가 발명한 감마함수가 대표적이다. 감마함수를 이용하면 다음과 같은 계산도 가능하다.

$$\left(-\frac{1}{2}\right)! = \sqrt{\pi} \qquad \frac{1}{2}! = \frac{\sqrt{\pi}}{2}$$

마찬가지로 $0!$의 값도 계산할 수 있는데, $0! = 1$이 된다. 감마함수를 이용하지 않고 $(n-1)! = \dfrac{n!}{n}$ 이라는 명제를 이용해서도 유도가 가능하다.

$$0! = \frac{1!}{1} = \frac{1}{1} = 1$$

참고로 컴퓨터에서 수식을 입력할 때, '같지 않다($\neq$)'는 기호를 ! =로 입력하곤 한다. 즉, 프로그래머에게 0! = 1이란 '0은 1과 같지 않다'는 문장이기도 하다. 그런데 '0 팩토리얼은 1이다'든 '0은 1과 같지 않다'든 모두 타당한 말이란 사실!

97쪽 ▷ **4!**

사칙연산의 순서상 $40 - 32 \div 2$는 뒤의 나눗셈부터 계산해야 한다. 만약 앞에서부터 잘못 계산하면 $40 - 32 \div 2 = 8 \div 2 = 4$라는 오답이 나온다.

뒤에서부터 올바르게 계산하면 $40 - 32 \div 2 = 40 - 16 = 24$이다. 그리고 $24 = 4 \times 3 \times 2 \times 1 = 4!$이다.

즉, $40 - 32 \div 2 = 4!$이다.

98쪽 ▷ **약 3**

무리수인 상수 e는 17세기에 수학자 존 네이피어가 발견하고 야코프 베르누이가 상수임을 밝힌 후 18세기에 레온하르트 오일러

228

에 의해 e로 표기되기 시작했다.

베르누이는 복리 이자의 계산 과정에서 e의 독특함을 발견했다. 복리 적금의 원리합계는 다음과 같이 계산할 수 있다.

원리 합계 = 원금 × (1 + 이율)$^{투자\ 회차}$

만약 동일한 기간이라면 투자 회차가 많아질수록 이율은 작아지게 된다. 예를 들어 1년을 2번(반기) 쪼갤 때보다 4번(분기) 쪼갤 때 한 번의 기간에 부여되는 이자는 작아지고, 12번(매월) 쪼개면 더욱 작아지게 된다.

베르누이는 투자 회차를 n, 이율을 $\frac{1}{n}$ 이라 하면, 원리합계의 극한이 e에 접근한다는 사실을 알아냈다.

$$\lim_{n \to \infty} \left(1 + \frac{1}{n}\right)^n = 2.71828\cdots = e$$

한편, 어떤 수 x보다 크지 않은, 즉 x 이하의 정수 중 가장 큰 정수를 $\lfloor x \rfloor$로 표기하며 '최대 정수 함수'라고 부른다. 반대로 x 이상의 정수 중 가장 작은 정수를 $\lceil x \rceil$로 표기하며 '최소 정수 함수'라고 부른다.

99쪽 ▷ **허수아비**

허수는 실수가 아닌 복소수로, 일찍이 고대 그리스의 수학자 헤론은 '거듭제곱하여 음수가 되는 수'에 대한 개념을 기록한 바 있다.

실수는 그 특성상 제곱하면 무조건 0 또는 양수가 되기 때문에, $x^2 = -1$과 같은 방정식의 해는 실수로 표현할 수가 없다. 그래서 허수 단위 $i = \sqrt{-1}$이 만들어진 것이다.

16세기 이탈리아의 수학자 라파엘 봄벨리가 허수 단위를 정의하였고, 이후 르네 데카르트가 이를 '상상의 수'라고 부른 데에서 '허수'라는 이름이 정착되었다. 허수 단위 기호로 i를 도입한 사람은 레온하르트 오일러다.

100쪽 ▷ **VANS**

본래 거듭제곱은 곱셈을 반복해준다는 의미로, 자연수 범위에 대하여 지수가 정의되는 연산이다. 하지만 여러 수학적인 필요에 의해 지수를 자연수보다 넓은 범위로 일반화했다.

우선 $2^{-2} = \dfrac{1}{2^2}$과 같이 음수 지수는 역수(분모와 분자를 바꾼 수)의 거듭제곱으로 정의한다.

그러면 $2 = 2^1 = 2^{3-2} = 2^3 \times 2^{-2} = 8 \times \dfrac{1}{4}$ 같은 식 전개가 가능하다. 또한 $2^{\frac{1}{2}} = \sqrt{2}$와 같이 분수 지수는 거듭제곱근과 연관지어 정의한다. $2 = 2^1 = 2^{\frac{1}{2}+\frac{1}{2}} = 2^{\frac{1}{2}} \times 2^{\frac{1}{2}} = \sqrt{2} \times \sqrt{2}$ 처럼 식 전개가 가능하다.

$2^{\sqrt{2}}$와 같은 무리수 지수는 어떻게 이해하면 좋을까?

101쪽 ▷ **웃긴 얘기 II**

{ 1, 3, 5, 7, 9 … }처럼 연속한 두 항의 차가 일정한 수열을 등차수열이라고 한다. 이때 연속한 두 항의 뒷항에서 앞항을 뺀 값을 공차라 한다. 예를 들어 등차수열 { 1, 3, 5, 7, 9 … }의 공차는 2이다.

참고로 수열에서 첫째항(a_1), 둘째항(a_2)과 같이 구체적이지 않은 n번째 항을 일반항이라 하고 a_n이라 표기하는데, 등차수열 { 1, 3, 5, 7, 9 … }에서 $a_1 = 1$, $a_2 = 3$이고 $a_n = 2n - 1$이다. n에 적절한 값을 넣으면 원하는 항의 구체적인 값을 얻을 수 있다.

102쪽 ▷ **빈칸 채우기**

{ 2, 4, 8, 16, 32 … }처럼 연속한 두 항의 비가 일정한 수열을 등비수열이라고 한다. 이때 연속한 두 항의 뒷항을 앞항으로 나눈 값을 공비라 한다. 예를 들어 등비수열 { 2, 4, 8, 16, 32 … }의 공비는 2이다. 등비수열 { 2, 4, 8, 16, 32 … }의 일반항은 $a_n = 2^n$이다. $a_1 = 2$, $a_2 = 4$ 등을 확인할 수 있다.

103쪽 ▷ **로그**

$\log_{10} x$와 같이 10을 밑으로 하는 로그를 상용로그라 하며, 편의상 10을 생략하여 $\log x$로 나타낸다.

예를 들어 $\log 100 = \log_{10} 100 = 2$이다. 정의에 의해 로그 연산은 $\log_a MN = \log_a M + \log_a N$이 성립하는데, 예를 들어 $\log 100 = \log(10 \times 10) = \log 10 + \log 10 = 1 + 1$이다. 즉, 본문의 그림에서 $\log 3 + \log 2 + \log 1 = \log(3 \times 2 \times 1)$인데, $3 \times 2 \times 1 = 3 + 2 + 1$이기 때문에 $\log(3 \times 2 \times 1) = \log(3 + 2 + 1)$이 성립한다.

104쪽 ▷ **집합**

어떤 조건에 따라 결정되는 원소의 모임을 집합이라 한다. 또한 어떤 두 집합의 포함관계는 ⊂ 기호로 나타내며, 두 집합의 원소를 모두 합한 전체를 합집합(∪), 공통원소의 집합을 교집합(∩)이라 한다.

예를 들어 다음과 같은 세 개의 집합이 있다고 하자.

$a = \{ 1, 2 \}$, $B = \{ 2, 3 \}$, $C = \{ 1, 2, 3 \}$

그러면 다음이 모두 성립한다.

$A \subset C$, $B \subset C$, $A \cap B = \{ 2 \}$, $A \cap C = A$, $A \cup B = C$, $B \cup C = C$

| 생각해보기 |

'키가 큰 사람들의 모임'은 집합일까, 아닐까? 그 이유는?

105쪽 ▷ **역함수**

$y = f(x)$가 x의 함수일 때,
역으로 $x = f^{-1}(y)$를
y의 함수로 본 것을
역함수라 한다.

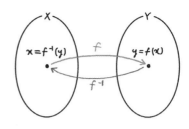

106쪽 ▷ **기함수**

함수 $y = f(x)$가 모든 x에 대하여 $f(-x) = -f(x)$이면 기함수(또는 홀함수), $f(-x) = f(x)$이면 우함수(또는 짝함수)라 한다. 좌표평면에서 기함수의 그래프는 원점 대칭, 우함수의 그래프는 y축 대칭 형태로 나타나는데, 그 예는 다음과 같다.

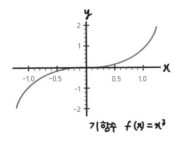

기함수 $f(x) = x^3$

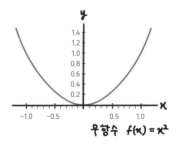

우함수 $f(x) = x^2$

107쪽 ▷ **실수**

a보다 작은 x가 a로 점점 가까워지면서 수렴하는 $f(x)$의 값을 좌극한이라 하며 기호로는 또는 $f(a-)$ 등으로 나타낸다. 마찬가지로 a보다 큰 x가 a로 점점 가까워지면서 수렴하는 $f(x)$의 값은 우극한이라 하며 또는 $f(a+)$ 등으로 나타낸다.

　예를 들어 다음과 같은 그래프를 갖는 함수 $f(x)$에 대해 $f(2-)=1$, $f(2)=2$, $f(2+)=3$이다.

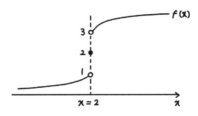

108쪽 ▷ **달팽이**

곡선 위의 점이 원점에서 멀어질수록 어떤 직선과의 거리가 한없이 0에 가까워질 때, 그 직선을 해당 곡선의 점근선이라 한다.

　예를 들어 함수 $y = \dfrac{1}{x}$ 은 x축과 y축을 점근선으로 갖는다. x가 아무리 커져도 $y = \dfrac{1}{x}$가 x축과 만날 일은 없다.

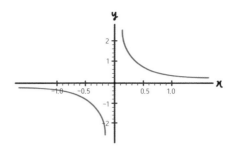

109쪽 ▷ **손금**

좌표평면에서 세 함수 $y = e^x$, $y = x$, $y = \log x$의 그래프는 다음과
같다.

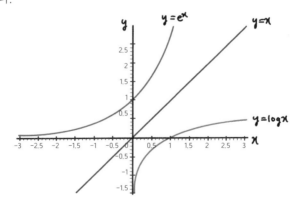

110쪽 ▷ **삼각함수**

각의 크기를 삼각비로 나타내는 함수인 삼각함수는 대표적으로
사인함수($y = \sin x$), 코사인함수($y = \cos x$), 탄젠트함수($y = \tan x$)
등이 있다. 이 삼각함수들의 역수를 정의한 함수들을 각각 코
시컨트함수($y = \csc x$), 시컨트함수($y = \sec x$), 코탄젠트함수
($y = \cot x$)라 한다. 즉 $\csc x = \dfrac{1}{\sin x}$, $\sec x = \dfrac{1}{\cos x}$, $\cot x = \dfrac{1}{\tan x}$ 이다.

물론 코시컨트, 시컨트 같은 함수보다는 기본형인 사인, 코사
인 등이 보편적으로 더 많이 쓰인다.

생각해보기

코시컨트(csc), 시컨트(sec), 코탄젠트(cot)라는 명칭은
각각 무슨 의미일까?

111쪽 ▷ **태양**

사인함수의 그래프를 좌표평면상에 나타내면 다음과 같다.

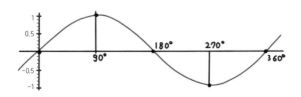

112쪽 ▷ **1**

사인과 코사인의 제곱합은 항상 1, 즉 $\sin^2 x + \cos^2 x = 1$이다. 단위원 또는 직각삼각형을 그려놓고 왜 그런지 한번 생각해보자. 힌트는 '피타고라스의 정리'다!

보기 **생각해보기**

피타고라스의 정리에 따르면 직각삼각형에서 빗변 길이의 제곱은 다른 두 변의 길이의 제곱의 합과 같다.

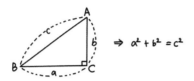

이 정리는 왜 성립할까?

113쪽 ▷ **속도**

속력은 단위 시간 동안에 물체가 실제로 움직인 총거리를 의미하며, 속도는 단위 시간 동안의 변위를 의미한다. 예를 들어 앞으로 가는 방향을 +, 뒤로 가는 방향을 − 라 할 때, 1초 동안 뒤로 3미터를 갔다면 속력은 3m/s, 속도는 − 3m/s인 것이다. 쉽게 말해 속력은 크기만 갖지만 속도는 방향과 크기를 함께 갖는다.

이처럼 크기와 방향성을 갖는 물리량을 나타내는 데 사용하는 기하학적 대상을 벡터라 한다. 벡터와 대비하여 크기만을 갖는

237

대상은 스칼라라 한다. 속도는 벡터의 예시이며 속력은 스칼라의 예시이다.

생각해보기

온도, 농도, 고도 등은 각각 벡터일까, 스칼라일까?
중력, 마찰력, 자기력 등은 어떨까?

114쪽 ▷ **노트북**

수학에서 $\dfrac{dy}{dx}$ 는 'y를 x에 대해 미분한다'라는 의미의 기호이며, 이 기호를 처음 도입한 수학자는 라이프니츠이다. 이를 프라임 부호를 써서 y'라 표기하기도 하는데 이 표기법은 라그랑주가 도입했으며, 라이프니츠와 더불어 미적분학의 창시자로 꼽히는 뉴턴은 $\dot{y}$와 같이 표기했다. 또한 오일러는 D라는 미분 연산자 기호를 도입해 Dy와 같이 표기했다.

115쪽 ▷ **신입생**

다항함수 x^n을 x에 대해 미분하면 다음과 같다.

$$(x^n)' = \frac{dx^n}{dx} = nx^{n-1}$$

한편 지수함수 e^x를 x에 대해 미분하면 이렇다.

$$(e^x)' = \frac{de^x}{dx} = e^x$$

흔히 학생 때 다항함수의 미분법을 지수함수의 미분법보다 일찍 배우기 때문에, e^x를 미분하면 xe^{x-1}이라고 말하는 건 저학년 취급을 받기 딱 좋다.

하지만 e^x를 x에 대해서가 아니라 e에 대해서 미분한다면? 이 경우에는 e^x를 지수함수가 아니라 변수 e에 대한 다항함수로 보아서 $\frac{de^x}{dx} = xe^{x-1}$이라고 생각할 수도 있다.

물론 e는 수학에서 몹시 특별한 상수이기 때문에, 어지간해선 변수를 e로 둘 일은 없다.

116쪽 ▷ 통조림

지수함수 e^x는 x에 대해 미분해도 e^x이다. 물론 이를 또 다시 미분해도 e^x이다. 몇 번을 미분한들 자기 자신이 그대로 나오는 독특한 함수다.

> 생각해보기

e^x를 미분하면 e^x가 되는 이유를 이참에 한번 공부해보는 건 어떨까?

117쪽 ▷ **계단**

삼각함수 $\sin x$를 미분하면 $\cos x$이고, $\cos x$를 미분하면 $-\sin x$이다. 그리고 $-\sin x$를 미분하면 $-\cos x$가 되고, $-\cos x$를 미분하면 $\sin x$가 된다. 다시 $\sin x$를 미분하면….

118쪽 ▷ **웃긴 짤 I**

x에 대한 두 함수 f, g에 대해 이 둘의 곱 fg를 x에 대해 미분하면 $(fg)' = f'g + fg'$가 된다. 이를 '곱의 미분법'이라 부른다.

예를 들어 $x^2 \sin x$를 x에 대해 미분하면,

$(x^2 \sin x)' = 2x \sin x + x^2 \cos x$이다.

| 생각해보기 |

왜 미분의 결과가 위와 같이 나오는지 알아보자.
인터넷에 검색해보면 좋은 자료를 많이 접할 수 있다.

119쪽 ▷ **재밌는 얘기 I**

수학에서 $\sum$(시그마)는 '더한다'는 의미의 라틴어 *Summam*의 앞 글자 S를 그리스 알파벳으로 표기한 기호로, 오일러가 처음 사용했다. $\int$(인테그랄)은 S를 위아래로 길게 늘여서 만든 적분 기호이며 라이프니츠가 처음 도입했다.

기하학적으로 $\int$는 $\sum$와 달리 대상 영역을 '무한히 잘게 쪼개서' 더하기 때문에 매끄러운 경계를 가질 수 있다.

120쪽 ▷ **적분상수 I**

1을 미분하면 0이 된다. 2를 미분해도 0이 된다. 마찬가지로 임의의 상수 c를 미분하면 0이 된다.

　따라서 미분의 역연산인 적분을 할 때는 0도 신중하게 고려해줘야 한다. 예를 들어 1은 $1 + 0$과 같기 때문에 1의 적분은 $1 + 0$의 적분과 같다. 문제는 이때 0에 대한 적분이 1인지 2인지 아니면 또 다른 상수인지 알 수 없다는 것이다.

　그래서 도입한 개념이 '적분상수'이며, 보통 constant(상수)의 앞 글자를 따서 c로 표현된다. 예를 들면 다음과 같다.

$$\int 1dx = x + C, \quad \int 1dB = B + C$$

121쪽 ▷ **적분상수 II**

부정적분을 할 때는 늘 적분상수를 고려해주어야 한다. 본문 식의 올바른 전개는 다음과 같다.

$$\int f(x)dx - \int f(x)dx = \int f(x) - f(x)dx = \int 0dx = C$$

다항함수 x^n의 부정적분은 다음과 같다.

$$\frac{1}{n+1}x^{n+1} + C$$

이러한 꼴의 유일한 예외가 $\frac{1}{x}$이다. $\frac{1}{x} = x^{-1}$인데, 이를 부정적
분 식에 대입해보면 다음과 같다.

$$\frac{1}{-1+1}x^{-1+1} + C = \frac{1}{0}x^0 + C$$

분모에 0이 있기 때문에 일반적으로 정의할 수 없는 식이 된다.
실제로 $\frac{1}{x}$의 부정적분은 $\ln|x| + C$이다.

x에 대한 두 연속함수 f, g와 이들을 미분한 함수(도함수) f', g'
에 대해 다음이 성립하며, 이를 부분적분법이라 한다.

$$\int fg'dx = fg - \int f'g\,dx$$

예를 들면 다음과 같다.

$$\int x^2\cos x\,dx = x^2\sin x - \int 2x\sin x\,dx$$

124쪽 ▷ **감동**

쳇바퀴를 도는 것만 같은 일상이 3차원 상에서는 조금씩 전진하고 있을지도 모른다.

125쪽 ▷ **오류 Ⅲ**

$n \times n$을 $n + n + n + n + \cdots + n$과 같이 나타낼 수 있는 건 n이 자연수일 때나 가능하다. 예를 들어 원주율 π에 대해서 $\pi \times \pi$는 덧셈식으로 풀어쓸 수 없다.

고등학교 때 배우는 미분법은 대상이 실수나 복소수 등일 때 적용 가능하다. 하지만 대상이 자연수인 경우는 적용할 수 없다. 즉, 자연수 n에 대한 식 $n + n + n + n + \cdots + n$을 우리가 통상적으로 쓰는 미분법으로 미분할 수는 없다.

126쪽 ▷ **확률**

통계학에서 실험이나 시행에 의해 일어날 수 있는 결과를 '사건'이라 한다. 어떤 사건 A의 확률은 probability(확률)의 앞 글자를 따서 $P(A)$로 나타낸다.

곱사건이란 둘 이상의 사건이 동시에 일어나는 사건이며, 사건 A와 사건 B의 곱사건은 기호로 $A \cap B$로 나타낸다.

127~128쪽 ▷ **고백 Ⅰ & 고백 Ⅱ**

이런 고백은 상대를 잘 봐가면서 하자.

129쪽 ▷ **보아뱀**

정규분포는 수많은 자연 현상을 설명하는 도구이며, 통계학에서
쓰는 많은 확률 분포 중에서도 가장 중요하게 다루는 분포이다.

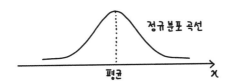

무작위로 추출된 표본의 크기가 커질수록 표본 평균의 분포는
모집단의 분포 모양과 관계없이 정규분포에 가까워진다. 이를
'중심 극한 정리'라 하는데, 정규분포가 통계학에서 중요하게 다
뤄지는 근거이기도 하다.

실제로 사람의 키나 IQ, 그 외 유전적, 자연적 요소 및 체질
등은 정규분포에 가깝게 형성되는 경우가 많다.

생각해보기

현실에서 정규분포를 그리지 않는 사례로는 어떤 것들이 있을까?

'느낌표' 해설 참고.

미분을 영어로 differential이라고 한다. 그리고 미적분학의 창시자 중 한 명인 아이작 뉴턴은 미분을 표기할 때 $\dot{y}$와 같이 문자 위에 점을 찍었다.

등식이나 부등식에서 부호의 왼쪽을 좌변, 오른쪽을 우변, 양쪽을 양변이라 한다. 양변에 로그를 취한다는 건 다음과 같은 행위를 말한다.

$$3 > 2 \implies \log 3 > \log 2$$

각도 π는 호도법에서 $180°$에 대응된다. 즉, $\tan \pi = \tan 180° = 0$이다.

134쪽 ▷ **챌린지**

'느낌표' 해설 참고.

136쪽 ▷ **사소한 차이**

분모에 0이 오는 경우는 일반적으로 정의하지 않지만, $0!=1$이므로 $\dfrac{1}{0!}=\dfrac{1}{1}=1$로 잘 정의된다.

137쪽 ▷ **그 이상, 그 이하**

이상이란 기준 값이 범위에 포함되면서 그 위인 경우를 가리키며, 기준 값은 포함되지 않고 그 위만을 가리키는 경우에는 초과라는 표현을 쓴다. 마찬가지로 기준 값이 범위에 포함되면서 그 아래인 경우를 이하, 기준 값이 포함되지 않고 그 아래만을 가리키는 경우에는 미만이라는 표현을 쓴다.

　예를 들어 '5인 이상 집합금지'라고 하면 5인부터, 즉 5인을 포함하여 더 많은 수의 사람이 집합하는 걸 금지한다는 뜻이다. 놀이기구에 '8세 미만 이용 가능'이라고 써 있다면 8세를 포함하지 않은, 7세 이하의 어린이들만 이용 가능하다는 뜻이다.

　수학에서 다루는 대상에 항상 이러한 순서 관계가 존재하는 건 아니다. 직각삼각형은 이등변상각형보다 이상일까? 이상한 질문이지 않은가?

138쪽 ▷ **부등식**

허수에는 일반적으로 순서 구조가 부여되지 않는다. 즉, 허수끼리의 크기 비교는 일반적으로 할 수 없다.

예를 들어, 1 < 2 이지만 i < $2i$는 성립하지 않는다. 마찬가지로 0 < 1 이지만 i < 1 + i는 성립하지 않는다.

139쪽 ▷ **서점**

수학에서 '한없이 가깝다'라는 표현은 흔히 '극한'을 설명할 때 쓰인다. 예를 들어 $\lim_{x \to 1} f(x)$를 'x가 1에 가까워질 때, $f(x)$가 한없이 가까이 다가가는 값'이라 설명하곤 한다.

극한의 의미로서 '한없이 가깝다'라는 말의 의미는 무엇일까? 예를 들어 0에 한없이 가까운 값을 생각해보자. 0.1은 0에 한없이 가까운가? 아니다. 그보다는 0.01이 0에 더 가깝다. 그러면 0.0001쯤 되면 0에 한없이 가까운 걸까? 아니다. 그보다 더 가까운 0.000001 같은 수도 있다. 즉, 0에 한없이 가까운 값은 0이 될 수밖에 없다. 0보다 큰 그 어떤 작은 수를 잡아도 언제나 그보다 더 0에 가까운 값을 만들어줄 수 있기 때문이다.

그래서 '0에 한없이 가깝다'라는 표현은 곧 '0이다'라는 의미와 같은 표현으로 다뤄지기도 한다.

140쪽 ▷ **오류 Ⅳ**

$\frac{1}{x} = x^{-1}$이기 때문에,

미분법을 이용해서 $\left(\frac{1}{x}\right)' = (x^{-1})' = -1x^{-2} = -\frac{1}{x^2}$ 임을 알 수 있다.

주의해야 할 건, 라이프니츠식 미분 표기법인 $\frac{dy}{dx}$ 꼴에서 y와 x 앞에 붙은 기호인 d는 독자적인 대상이 아니란 것이다. $\frac{dy}{dx}$ 란 'y를 x에 대해 미분한다'라는 의미의 기호다. 우리가 더하기 기호인 $+$를 $-$와 ㅣ로 구분하여 인식하지 않는 것과 같다.

141쪽 ▷ **호수**

고대 이집트 시절에는 나일강이 주기적으로 범람해서 지주들의 땅 넓이를 매번 새롭게 측정해야만 했다. 문제는 농지의 모양이 곧바르지 않고 구불구불했다는 점이다. 이때 사용한 방법이 삼각형, 사각형과 같이 넓이를 구하기 쉬운 간단한 도형으로 구불구불한 땅을 잘게 나누어 그 넓이의 합을 구함으로써 전체 넓이를 구하는 방법이었는데, 이를 구분구적법區分求積法이라 부른다.

이 개념을 수학적으로 엄밀하게 가다듬은 것이 바로 최초의 정적분 정의이다. 즉, 우리는 실제로도 정적분을 이용해서 호수의 넓이를 계산할 수 있다.

248

142쪽 ▷ **9가 아닌가**

1, 3, 5, 7의 규칙에 맞춰 다음에 올 수는 무엇일까? 우리는 쉽게 9를 떠올리지만, 사실 그 답은 무수히 많을 수 있다.

가령 다음과 같은 일반항을 가진 수열이 있다고 하자.

$$a_n = (n-1)(n-2)(n-3)(n-4) + 2n - 1$$

그렇다면 $a_1 = 1$, $a_2 = 3$, $a_3 = 5$, $a_4 = 7$, $a_5 = 33$이 된다.

153쪽 ▷ **부적**

재귀함수란 정의 단계에서 자신을 재참조하는 함수이다. 어떤 사건이 자신을 포함하고 다시 자기 자신을 사용하여 정의될 때 재귀再歸적이라고 한다.

프로그래밍에 재귀함수를 적용하면 연산식은 재귀함수를 이용하여 연산을 끝없이 반복하게 된다. 그래서 연산을 끝낼 수 있는 조건인 '탈출 조건'을 정해주어야 하는데, 만약 탈출 조건이 정해지지 않으면 연산을 멈추지 않는 무한 루프 상태에 빠지게 된다.

154쪽 ▷ **똑같네**

군론group theory은 군에 대해 연구하는 대수학의 한 분야이다. 루빅스 큐브를 섞는 모든 가능한 방법을 모아놓은 집합도 군을 이루기 때문에 군론의 대상이 될 수 있고, 동일한 대수 구조를 얼마든지 구성할 수 있다.

위상수학topology은 연결성이나 연속성 등 작은 변화에 의존하지 않는 기하학적 성질들을 다루는 수학 분야야다. 손잡이 달린 머그컵은 위상수학에서 연속적 변화에 의해 도넛과 같은 형태로 분류된다.

범주론category theory은 각종 수학적 구조와 그들 간의 관계를 메타 개념으로 생각하여, 그들을 범주라는 추상적인 개념으로 묶어 다루는 수학기초론의 한 분야이다. 군론에서 대수적 동형을 논하는 것과 위상수학에서 위상적 동형을 논하는 것은 범주론적 관점에서 동치이다.

155쪽 ▷ **게임**

게임이론game theory은 상호 의존적이고 이성적인 의사결정에 관한 수학적 이론이다. 이때 '게임'이란 효용 극대화를 추구하는 행위자들이 일정한 전략을 가지고 최고의 보상을 얻기 위해 벌이는 행위를 말한다. 우리가 흔히 게임 하면 떠올리는 전자오락과는 거리가 있다.

게임 이론은 사회과학, 특히 경제학에서 활발하게 활용되며, 생물학, 정치학, 컴퓨터과학, 철학 등에서도 많이 사용된다.

156쪽 ▷ **네가 참아 Ⅰ**

통계학에서 상관관계란 두 변수 간의 관계의 강도로, 어떤 한 통계적 변인과 다른 여러 통계적 변인들이 공변共變하는 함수관계를 말한다.

예를 들어 둘 이상의 변인들이 같은 방향으로 움직이는 것을 양(+)의 상관이라 하고, 반대 방향으로 움직이는 것을 음(-)의 상관이라 한다. 공부 시간과 시험 성적은 대체로 양의 상관관계를 갖는다.

하지만 공부 시간이 많다고 해서 꼭 시험 성적이 높게 나오는 건 아니듯이, 상관관계만으로는 인과관계를 장담할 수 없다. 원인이 되는 변인이 단 하나가 아니고 수많은 변인들이 원인으로 작용하는 사례가 많기 때문이다. 단순한 우연으로 일시적인 높은 상관관계를 보일 수도 있다.

[생각해보기]

인과관계를 입증하려면 어떻게 해야 할까?

157쪽 ▷ 재밌는 얘기 Ⅱ

선형대수학linear algebra은 행렬과 벡터, 선형 변환 등을 연구하는 대수학의 한 분야이다. 참고로 두 행렬 A, B의 곱 AB는 A의 행과 B의 열이 만나 성분이 형성된다. 예를 들면 다음과 같다.

$$\binom{1}{2}(3\ 4)=\begin{pmatrix} 1\times3 & 1\times4 \\ 2\times3 & 2\times4 \end{pmatrix}=\begin{pmatrix} 3 & 4 \\ 6 & 8 \end{pmatrix}$$

$$\begin{pmatrix} 1 & 2 \\ 3 & 4 \end{pmatrix}\begin{pmatrix} 5 & 6 \\ 7 & 8 \end{pmatrix}=\begin{pmatrix} 1\times5+2\times7 & 1\times6+2\times8 \\ 3\times5+4\times7 & 3\times6+4\times8 \end{pmatrix}=\begin{pmatrix} 19 & 22 \\ 40 & 50 \end{pmatrix}$$

대화

위상수학에서는 늘이거나 줄이는 등의 연속적인 변형을 통해서 같은 모양에 이를 수 있는 도형들은 모두 같은 형태로 분류하며, 이들을 '위상동형'이라 부른다. 이때 구멍을 뚫거나 찢는 등의 행위는 연속적인 변형이 아니다.

예를 들어 손잡이가 달린 머그컵과 도넛은 위상동형이지만, 도넛과 농구공은 위상동형이 아니다. 마찬가지로 구멍이 두 개인 도넛은 바지와 위상동형이며, 구멍이 세 개인 도넛은 셔츠와 위상동형이다.

생각해보기

◆ 위상수학에서 '구멍'이라 부르는 개념은 일상용어로서의 '구멍'과 어떤 차이점이 있을까?

◆ 빨대에는 몇 개의 구멍이 있을까?

부처님

수학기초론에서 자주 쓰이는 기호로 $\forall$와 $\exists$가 있다. $\forall$는 '모든 ~에 대해'를 의미한다. $\exists$는 '존재한다'를 의미하는데, 뒤에 !를 붙인 $\exists$!는 '유일하게 존재한다'라는 의미다.

그리고 $\sqrt{-1}$은 허수 단위 i라 정의한다.

160쪽 ▷ **재밌는 얘기 Ⅲ**

$A \subset \bigcup_{i \in I} B_i$일 때, '$A$는 첨수집합 I의 원소 i가 부여된 B_i의 합집합에 포함된다'라고 말한다.

　예를 들어 $I = \{1, 2, 3, 4\}$일 때, $\bigcup_{i \in I} B_i = B_1 \cup B_2 \cup B_3 \cup B_4$이다.

161쪽 ▷ **해리 포터**

수학에서 기호 ■는 Q.E.D.를 의미하며, 수학에서 증명을 마칠 때 자주 사용된다. Q.E.D.는 라틴어 문장 "Quod erat demonstrandum"의 약자이며, 유클리드와 아르키메데스가 자주 쓰던 그리스어 문장 "ὅπερ ἔδει δεῖξαι(hóper édei deīxai)"를 라틴어로 옮긴 것이다. 그 뜻을 직역하면 "이것이 보여져야 할 것이었다"이다.

162쪽 ▷ **NO**

수학기초론의 한 분야인 집합론 set theory에는 '알레프($\aleph$) 수'라는 개념이 있다. 알레프 수란 '무한집합의 원소의 개수'로 연속체 가설을 가정했을 때 $\aleph_0$는 자연수 집합의 원소 개수, $\aleph_1$은 실수 집합의 원소 개수로 볼 수 있다. 물론 $\aleph_2$, $\aleph_3$, $\aleph_4 \cdots$로 그보다 더 큰, 무수히 많은 알레프 수들을 생성할 수 있다.

254

163쪽 ▷ **빙산**

무한대라고 다 같은 무한대가 아니다. 마치 자연수 1, 2, 3…처럼 무한대에도 무수히 많은 서로 다른 크기의 무한대가 있다.

가령 0부터 1까지의 실수 개수는 모든 자연수의 개수보다 월등히 더 많다. 0부터 0.5까지의 실수 개수도 모든 자연수의 개수보다 압도적으로 더 많다. 사실 아무리 작은 구간을 잡는다 하더라도 그 구간 안에 존재하는 실수의 개수는 항상 자연수의 모든 개수보다 많다.

생각해보기

무한대끼리의 크기 비교는 어떻게 가능할까?
가령 모든 유리수의 개수와 모든 무리수의 개수 중에
더 많은 것은 무엇인지 어떻게 판단할 수 있을까?

164쪽 ▷ **선의 길이**

선은 '무수히' 많은 점으로 이루어져 있다. 그런데 어느 정도의 '무수함'인지를 더 깊게 들어가면, 정확히 '실수의 모든 개수만큼'이라 할 수 있다.

문제는 $0+0+0+\cdots$ 같은 덧셈 방식으로는 절대로 실수의 모든 개수만큼 더할 수 없다는 사실이다. $0+0+0+\cdots$ 같은 방식으로는 기껏해야 '자연수의 모든 개수만큼' 더할 수 있을 뿐이다.

수학자들은 덧셈의 이런 한계를 '적분'이라는 새로운 연산으로 돌파했다. 즉, 점을 더하여 선을 만들 수는 없지만, 점을 적분하여 선을 만들 수는 있다.

165쪽 ▷ **방해**

20세기 초 최고의 수학자 중 한 명인 다비트 힐베르트는 이른바 '힐베르트 프로그램'을 통해 수학의 기초를 완전무결하게 만들려 했다. 쉽게 말해 수학으로 모든 참인 명제를 증명할 수 있고, 동시에 그 속에서 모순이 발생할 수 없도록 수학기초론을 확립하려 했다.

하지만 1930년, 쿠르트 괴델이 '불완전성 정리'를 발표함으로써 힐베르트 프로그램은 불가능하다는 사실이 증명됐다. 하지만 이후 수학자들은 끊임없이 수학기초론의 불완전성을 타개하기 위하여 노력했고, 현재는 충분히 만족스러운 토대가 마련되었다.

166쪽 ▷ **희생**

수학에서 공리란 가장 기초적인 근거가 되는 명제로, 다른 명제들을 증명하는 데 전제가 되는 원리이다. 즉, 현대 수학이란 수학자들이 약속한 공리들 위에 펼쳐진 세계와도 같다.

그중 가장 대표적인 공리 묶음이 ZFC라 불리는 공리계이다. 두 수학자 에른스트 체르멜로Ernst Zermelo와 아브라함 프렝켈Abraham Fraenkel 이름의 앞 글자, 그리고 선택공리axiom of Choice에서 따온 명칭이다.

하지만 '방해' 해설에서 말했듯이 수학은 완전하지 않다. 이 선택공리로부터 수학의 수많은 문제가 해결되기도 하지만 또 다른 문제가 발생하기도 한다. 그 대표적인 게 '바나흐 – 타르스키 역설'이다. 이 역설에 의하면 공 1개를 적당히 잘라서 원래의 공과 크기와 모양이 완벽히 똑같은 2개의 공을 만드는 게 가능하다. 아니, 같은 방법으로 무수히 더 많이 만드는 것도 가능하다. 당연히 이는 우리의 일반적인 직관에 상당히 어긋난 결과이기에 역설이라 불린다.

167쪽 ▷ **퀴즈**

수와 달리 벡터의 곱셈은 여러 종류가 있는데, 그중 하나가 '내적'이란 연산이다. 두 벡터 u, v의 내적은 주로 $<u, v>$와 같이 표기한다.

168쪽 ▷ **시험**

대수학에서 다루는 대수 구조 중에 정수 집합을 추상화한 구조로 '환^{ring}'이 있다. 어떤 집합 S와 이에 부여한 두 연산($+$, $\cdot$)이 만약 환의 조건을 충족하면 (S, $+$, $\cdot$)와 같이 표기한다.

169쪽 ▷ **가로수**

전치행렬은 행렬 내의 원소를 대각선축을 기준으로 서로 위치를 바꾼 것을 말한다. 기호는 T를 쓴다. 예를 들면 다음과 같다.

$$\begin{pmatrix} 1 & 2 \\ 3 & 4 \\ 5 & 6 \end{pmatrix}^{T} = \begin{pmatrix} 1 & 3 & 5 \\ 2 & 4 & 6 \end{pmatrix}$$

170쪽 ▷ **잘 들어**

프랑스의 유명한 수학자였던 피에르 드 페르마가 남긴 '페르마의 마지막 정리'는 다음과 같은 명제이다.

n이 3 이상의 정수일 때, $a^n + b^n = c^n$을 만족하는 양의 정수 a, b, c는 존재하지 않는다.

페르마가 이 정리를 남긴 디오판토스의 『산술*Arithmetica*』의 여백에는 다음과 같은 메모도 함께 적혀 있었다.

나는 이것을 경이로운 방법으로 증명하였으나, 책의 여백이 충분하지 않아 옮기지는 않는다.

페르마가 남긴 이 정리를 이후 수많은 수학자들이 증명하기 위해서 노력하였으나 대부분 실패했다. 그리고 페르마가 이 기록을 남긴 지 약 350년이 지난 1995년, 영국의 저명한 수학자 앤

드루 와일스에 의해 마침내 증명이 되었다. 그리고 이 정리의 증명은 기네스북에 '가장 어려운 수학 문제'로 등재되었다.

생각해보기

페르마가 남긴 메모 내용대로, 그는 정말로 증명을 해냈을까?

171쪽 ▷ **선택하세요**

대수학에서 방정식 $a + bx + cx^2 + dx^3 + \cdots = 0$의 해가 될 수 있는 수를 대수적 수라고 한다. (단, a, b, c, d $\cdots$는 모두 유리수.) 그리고 대수적 수가 아닌 수를 초월수라고 부른다. 원주율 π, 무리수 e 등이 대표적인 초월수들이다.

　어떤 수가 초월수인지 아닌지를 밝히는 건 쉽지 않다. 현재까지도 초월수인지 아닌지 판명이 난 수보다 판명되지 않은 수가 훨씬 더 많다. 본문 그림에 표시된 것들도 현재까지 판명되지 않은 것들이다.

172쪽 ▷ **미용실**

평면 위의 위치를 각도와 거리를 써서 나타내는 2차원 좌표계를 '극좌표계'라 한다. 극좌표계는 두 점 사이의 관계가 각이나 거리로 쉽게 표현되는 경우 매우 유용하다.

　극좌표계에서 원점으로부터의 거리를 r, 시초선으로부터의 각의 크기를 θ라 할 때, 방정식 $r = a\theta$(a는 계수)의 그래프는 다음과 같이 나선형으로 그려진다.

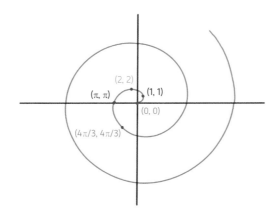

생각해보기

극좌표계는 어떤 상황에서 쓰면 유용할까?

173쪽 ▷ **평평한 지구**

수학에서 '국소적'이란 말은 '어떤 적당한 근방에 대해'라는 의미이다. 근방이란 대상을 포함하는 열린 구간 같은 것이다. 예를 들어 2 초과 4 미만, 즉 열린 구간 (2, 4)는 3의 근방 중 하나이다.

  지구의 표면은 울퉁불퉁하다. 하지만 아주 작은 근방에 대해서는 평평하다는 걸 수학적으로 증명할 수 있다. 물론 아주 조금만 더 영역을 넓혀도 평평하지 않지만 말이다.

174쪽 ▷ **양면성**

위상수학에서 '열려 있다'라는 표현은 '스스로의 경계를 포함하지 않는 위상 공간의 부분집합'임을 의미한다. 그러한 집합을 '열린집합'이라 하고, 열린집합의 여집합을 '닫혀 있다'라고 표현한다.

우리가 일상적으로 쓰는 말과는 괴리가 있다. 여집합이란 꼭 반대를 의미하는 건 아니기 때문에, 위상수학에서 이른바 '열려 있으면서 닫혀 있는' 집합은 얼마든지 존재할 수 있다.

175쪽 ▷ **쉽겠지?**

$3n + 1$ 추측이라고도 불리는 '콜라츠 추측'은 1937년에 독일 수학자 로타르 콜라츠가 제기한 추측이다. '문제를 이해하기는 쉬우나 그 답을 알기는 매우 어려운' 대표적인 수학 난제 중의 하나다. 그 내용은 다음과 같다.

추측 임의로 주어지는 자연수는 다음 조작을 거쳐서 항상 1이 될 것이다.

① 짝수라면 2로 나눈다.
② 홀수라면 3을 곱하고 1을 더한다.
③ 1이면 조작을 멈추고, 1이 아니면 첫 번째 단계로 돌아간다.

예를 들어서 6에서 시작한다면, 차례로 6, 3, 10, 5, 16, 8, 4, 2, 1이 된다. 20에서 시작한다면, 차례로 20, 10, 5, 16, 8, 4, 2, 1이 된다.

정말로 모든 자연수가 위의 조작을 거치면 1에 도달하게 될까? 만약 이 문제의 답을 명확한 근거로 증명할 수 있다면 당신의 이름도 수학사에 길이 남게 될 것이다.

176쪽 ▷ **랙배**

모든 자연수의 합, 즉 $1+2+3+4+\cdots$의 값은 무엇일까? 물론 고전적인 답은 '무한대로 발산한다'이다. 하지만 이를 만약 어떤 유한한 값으로 대응시킨다면 그 값은 무엇으로 정하는 게 합리적일까?

인도의 유명한 천재수학자 스리니바사 라마누잔은 $1+2+3+4+\cdots=-\dfrac{1}{12}$임을 합리적으로 주장했다. 비슷한 논리로 $1-2+3-4+5-6+\cdots=\dfrac{1}{4}$이며, $1-1+1-1+1-1+\cdots=\dfrac{1}{2}$이라고 주장했다. 이러한 그의 이론은 '라마누잔 합'이라 불리며, 해석학의 발전에 큰 기여를 했다. 현대 수학은 이런 자유로운 발상에서 다양하게 발전해왔다.

시력검사

2000년 5월 24일, 클레이 수학연구소는 21세기 사회에 가장 크게 공헌할 수 있지만 아직까지 풀리지 않은 미해결 수학 문제 7가지, 이른바 '밀레니엄 문제'를 정해서 발표했다. 그 일곱 문제는 다음과 같다.

   ① P - NP 문제
   ② 호지 추측
   ③ 푸앵카레 추측
   ④ 리만 가설
   ⑤ 양 - 밀스 질량 간극 가설
   ⑥ 나비에 - 스토크스 방정식의 해의 존재성과 매끄러움
   ⑦ 버치 - 스위너턴다이어 추측

각각의 문제에는 상금 100만 달러가 걸려 있지만, 사실 이 문제를 하나라도 풀면 수학 및 과학 발전에 엄청난 공헌을 한 사람으로 역사에 길이 남게 되기에 상금은 전혀 중요하지 않은 일이다. 세계 각지에서 초청할 자리에만 참석해도 100만 달러는 우스울 부를 누릴 수 있을 테니 말이다.

현재 7개의 문제 중에 '푸앵카레 추측'은 러시아의 수학자 그리고리 페렐만에 의해 참이라 증명되어 해결됐다. 재밌게도 페렐만은 이에 대한 업적으로 수여된 필즈상과 상금 100만 달러를 거부하고 은둔했다. 그는 자신의 논문이 증명된 것으로 족하며

시상식 같은 곳에 끌려가 동물원 속 동물처럼 구경거리가 되긴
싫다며 거절 사유를 밝혔다.

178쪽 ▷ **무리수**

이 증명법을 비유로 설명하자면, 핵폭탄으로 모기를 잡는 증명
법이라 할 수 있다.

179쪽 ▷ **난제**

밀레니엄 문제 중 하나인 'P-NP 문제'에서 P는 polynomial, NP
는 nondeterministic polynomial의 약자이다. 방정식의 미지수 같
은 개념이 아니다.

　조금 더 풀어 말하자면 P는 결정론적 튜링 기계를 사용해 다
항 시간 내에 답을 구할 수 있는 문제들을 의미하고, NP는 비결
정론적 튜링 기계를 사용해 다항 시간 내에 답을 구할 수 있는
문제들을 의미한다. 이 두 복잡도 종류 P와 NP가 같은지 아닌지
를 묻는 문제가 바로 'P-NP 문제'이다. 자세한 설명은 책의 여백
이 충분하지 않아 적지 않겠다.

180쪽 ▷ **네가 참아 Ⅱ**

복소평면은 가우스, 아르강, 베셀 등의 수학자가 복소수를 기하

학적으로 표현하기 위해 개발한 좌표평면으로, 서로 직교하는

실수축과 허수축으로 이루어져 있다. 예를 들어 복소수 $2+3i$는

좌표 $(2, 3)$으로, $3-i$는 좌표 $(3, -1)$로 표현하는 방식이다.

실수 1은 복소평면에서 $(1, 0)$으로, 허수 i는 $(0, 1)$로 표현된다.

즉, 둘 사이의 거리는 $\sqrt{(0-1)^2-(1-0)^2}=\sqrt{1+1}=\sqrt{2}$가 된다.

대부분의 실수는 무리수

실수Real Number는 유리수Rational number와 무리수Irrational number로 이루어져 있는데, 각각이 실수에서 차지하는 비율은 얼마나 될까? 놀랍게도 실수의 100%는 무리수로 이루어져 있으며 유리수의 비율은 0%에 불과하다. 유리수는 분명히 존재하지만, 무한한 길이를 갖는 수직선을 실수로 대응했을 때, 유리수는 다 모아봤자 길이가 0인 점에 불과하다. 나머지 무한의 길이를 가득 채우는 건 무리수다. 이는 표준해석학적으로 엄밀한 증명이 가능한데, 여백이 충분하지 않아 옮기지는 않겠다.

　이러한 이유로 '대부분의 실수는 무리수'라는 수학적 명제는 참이다. 더 정확하게는 '거의 모든Almost every'이라고 표현해야겠지만, 중의적인 느낌을 살리기 위해 일상에서 자주 쓰이는 '대부분'이라는 표현으로 대체했다.

대부분의 실수는 무리수
© 이상엽 이솔 2024

1판 1쇄   2024년 3월 21일
1판 3쇄   2024년 11월 15일

지은이   이상엽
그린이   이솔
펴낸이   김정순
책임편집   장준오
편집   허영수
디자인   이강효
마케팅   이보민 양혜림 손아영

펴낸곳   (주)북하우스 퍼블리셔스
출판등록   1997년 9월 23일 제406-2003-055호
주소   04043 서울시 마포구 양화로 12길 16-9(서교동 북앤빌딩)
전자우편   henamu@hotmail.com
홈페이지   www.bookhouse.co.kr
전화번호   02-3144-3123
팩스   02-3144-3121

ISBN   979-11-6405-239-4   03410

해나무는 (주)북하우스 퍼블리셔스의 과학·인문 브랜드입니다.